과학 그 너머

B e y o n d s c i e n c e

정태성 지음

북스힐

머리말

이 책은 순수한 과학적 사실을 설명한 책은 아닙니다. 물론 과학적인 이야기를 하고 있지만, 과학적 사실에 상상력을 보태 보았습니다. 문학적 상상력과 철학, 윤리적인 생각도 더해 보았습니다. 따라서 저의 지극히 주관적인 이야기가 많이 나옵니다. 이것은 어떤 과학적 근거가 없는 것도 많습니다. 따라서 저의 글에 허무맹랑한 상상력도 있다는 것을 인정합니다. 하지만 그러한 것을 알면서도 이러한 시도를 하는 이유는 과학과 우리의 삶이 따로 떨어져 있는 거리감을 좁혀 보기 위함입니다.

과학의 궁극적 목표는 자연 그 자체에 대한 이해입니다. 이를 위해 가장 좋은 방법은 원리를 알아내는 것입니다. 원리를 알아내면 그것을 가지고 수많은 자연현상을 알 수가 있습니다. 만유인력의 법칙 하나로 우주 공간의 모든 물체의 상호작용을 이해할 수 있고, 뉴턴의 운동법칙으로 지구상의 대부분의 운동을 풀어낼 수 있는 것입니다.

인간은 자연의 일부입니다. 자연의 원리는 인간에게도 적용됩니다. 다만 차이가 있다면 인간은 생각을 하게 되고, 욕심을 갖게 된다는 것입니다. 자연은 그러하지 않습니다. 그저 원리만 따를 뿐입니다.

우리 삶에 자연의 원리를 적용하려 노력한다면 우리의 삶이 달라질 수 있습니다. 바람의 흐름을 타고 날아가는 새들처럼, 보다 편안히 우리의 삶을 살아갈 수 있습니다. 이것이 저의 지극히 주관적인 상상력을 과학적인 사실에 더하는 이유입니다.

지금 우리가 가지고 있는 것을 조금 내려놓고 자연의 원리에 따라 한번 살아보는 것은 어떨까 싶어 이 책을 마련해 봅니다. 과학에 관한 내용이 있어 읽기 조금 부담될지는 모르나 그냥 편하게 읽으시기를 바랍니다. 읽으신 것 중에 하나의 글이라도 여러분에게 조그만 도움이 되기를 희망합니다.

2021. 12

저자

차례

자연의 원리가 곧 삶의 원리이다.

01

매미는 왜 우는 걸까?

일 년 중 가장 더울 때는 언제일까? 바로 매미가 우는 때가 일 년 중에 가장 무더울 때가 아닐까 싶다. 날짜로 말하면 7월 중순부터 8월 중순까지일 것이다. 7월이 되어 어느 정도 지나면 매미가 울기 시작한다. 동네방네가 시끄러울 정도로 하루종일 울어 재낀다. 매미 소리를 잘 들어보면 시간이 지나면서 조금씩 달라짐을 알 수 있다. 7월 중순이나 말에 우는 매미 소리는 어린아이가 빽빽 우는 정말 힘 있는 소리이지만 시간이 지나 8월 중순을 넘기면 매미 소리에서 힘이 빠져 있다는 것을 느낄 수 있다.

매미는 한 달 정도밖에 살지 못한다. 7월 중순의 매미는 갓 허물을 벗어버린 상태라 힘이 있지만, 8월 중순 정도 되면 매미는 자신의 일생을 다 마쳐가는 단계이기 때문에 매미 우는 소리가 힘이 없기 마련이다.

어릴 때 뒷산에 가서 매미를 많이 잡았던 기억이 있다. 7월에는 매미가 나무에 앉아 있을 때 손이나 매미채로 잡으러 다가가면 금방

퍼드덕하고 날라서 도망가 버린다. 하지만 8월 중순이 넘어가면 앉아 있는 매미를 손으로 그냥 잡아도 쉽게 잡힌다. 한 달 만에 매미는 수명이 거의 다 되기 때문에 행동이 그만큼 많이 느려지기 때문이다.

매미를 우리가 관찰할 수 있고 매미 소리를 들을 수 있는 것은 고작 1개월밖에 되지는 않는다. 그렇지만 매미의 수명이 1개월인 것은 아니다. 매미는 유충으로 땅속에서 평균 7년 정도를 살고 나서 허물을 벗고 지상으로 나온다. 따라서 매미의 수명은 7년 하고도 1개월이라 할 수 있다. 단지 매미가 지상에서 보내는 기간이 고작 1개월일 뿐이다. 어떤 유충은 7년 이상 10년 가까이 땅에서 보내는 것도 있고 7년 이하인 경우도 있지만, 평균 7년으로 알려져 있다.

매미에 대한 옛말에 "金蟬脫殼(금선탈각)"이라는 말이 있다. "금빛 매미는 자신의 껍질을 과감하게 벗으므로 만들어진다"라는 의미이다. 땅속에 있던 유충이 화려한 매미가 되기 위해서는 자기 껍질을 벗지 않으면 불가능하다는 말이다. 예전의 자신의 모습을 과감하게 벗어야 새로운 모습으로 태어날 수 있음을 교훈적으로 말하고자 비유한 것 같다.

어쨌든 매미는 7년이라는 오랜 세월을 땅에서 보내지만, 지상에 살다 가는 기간은 고작 1개월밖에 되지 않는다. 평균으로 계산해보면 7년은 84개월이므로 지상에서 보내는 1개월을 더하면 매미의 일생은 85개월이다. 즉 85개월 중에 단지 1개월만을 성충으로 보내다 자신의 생을 마감할 수밖에 없다. 인간으로 따지면 84년을 어린 갓난아기로 지내다가 1년만 성인으로 살다가 죽음을 맞이해야 하는 운명인 것이다.

나는 매미가 한여름에 그렇게 빽빽거리며 시끄럽게 우는 이유를 알 수 있을 것 같다. 매미는 지상에서의 자신의 존재가 너무 아쉬울 수밖에 없어서 그렇게 우는 것 같다. 자신의 일생의 98 %~99 %를 아무것도 없는 깜깜한 땅속에서 아무것도 모른 채 지내다가 힘들게 허물을 벗고 지상으로 나와 보니 세상은 환하고 너무나 아름다운 곳이었다. 자신의 삶의 1~2 %만을 이 아름다운 세상에서 존재하다가 다시 영원한 어둠 속으로 돌아가려니 너무나 서운한 것이다. 그래서 매미는 그렇게 우는 것이다. 만약 매미에게 이 아름다운 지상에서의 시간이 조금만 더 주어진다면 그렇게 서럽게 울지 않을지도 모른다.

그런데 한 가지 이해가 되지 않는 것은 매미는 수컷만 울고 암컷은 울지 않는 것으로 알려져 있다. 그 이유가 무엇일까? 암컷은 그냥 한 달만으로도 만족하는 것일까? 아니면 우는 시간도 아까운 것일까? 알려진 바로는 수컷이 암컷을 불러 짝짓기 위해 그렇게 운다고 하는데 내가 생각하기엔 8월이 다 끝나갈 무렵 나무에 앉아 있는 매미를 잡아보면 거의 힘이 다 빠져 수명이 다 된 듯한 매미들도 있었다. 그 때까지도 매미가 우는 것을 보면 꼭 짝짓기가 정답은 아닌 듯하다.

하지만 확실한 것은 하나 있다. 우리의 인생이 85년이 주어지고 그중 84년을 삶이 무엇인지 하나도 모른 채 그냥 어영부영 지내다가 죽기 1년 전에 그제서야 삶이 무엇인지 어느 정도 알 수 있게 되어서 열심히 잘살아 보려고 하니 시간이 너무 남아 있지 않다면 나 같아도 너무 서러워서 빽빽 울지도 모를 것 같다. 더 나이가 들기 전에 그리고 더 시간이 흐르기 전에 삶이 무엇인지, 내가 누구인지 알 수 있다면 더 아름답고 보람된 나의 인생을 만들어 갈 수 있지 않을까 싶다.

그렇다면 매매처럼 그렇게 울면서 삶을 마감하지는 않을 테니 말이다. 오늘도 35가 넘는 무더운 날이다. 어김없이 매미는 오늘도 울고 있다.

◆ 한여름 우는 매미의 일생을 알게 된다면 ◆

02

사랑의 물리학

드라마 "도깨비"를 이제야 보기 시작했다. 방영 당시 단 1회도 볼 기회가 없었다. 많은 사람들이 좋아하고 나도 OST는 많이 들었지만 지나간 드라마를 볼 것이라고는 생각도 못했다. 친한 블로그 이웃의 소개로 아무 생각 없이 보기 시작했다. 1회 보고 그만 볼 생각이었는데 끝까지 보고 싶은 마음이 생겼다. 금요일 저녁마다 1~2회 정도 보고 있다. 5년이나 지난 이 드라마를 보게 된 것도 어쩌면 나에게 행운인 듯하다. 금요일 저녁이 기다려지며 작은 행복을 느낀다. 드라마에 나오는 김인육 님의 <사랑의 물리학>이라는 시가 마음에 와닿았다.

사랑의 물리학

질량의 크기는 부피와 비례하지 않는다

제비꽃같이 조그만 그 계집애가

꽃잎같이 하늘거리는 그 계집애가

지구보다 더 큰 질량으로 나를 끌어당긴다

순간, 나는

뉴턴의 사과처럼

사정없이 그녀에게로 굴러 떨어졌다

쿵 소리를 내며, 쿵쿵 소리를 내며

심장이

하늘에서 땅까지

아찔한 진자운동을 계속하였다

첫사랑이었다

질량은 끌림이다. 그래서 가까이 다가올 수밖에 없다. 작은 부피의 크기라 할지라도 밀도가 크다면 질량이 클 수밖에 없다. 작은 부피이더라도 밀도에 의해 질량이 커질 수 있다. 비록 지나가다 만난 인연이라도, 생각지도 않았던 우연이라도 밀도가 큰 질량을 가지고 있기에 지나칠 수 없었던 인연이었다. 스쳐 지나가는 인연이 아니었기에 아무런 관계가 없는 것 같을지 모르지만, 그 끌림은 필연을 만들 수밖에 없다. 사랑이다.

제비꽃은 흔하다. 장미나 백합처럼 우아하지 않다. 그저 들에 양지바른 곳에 피어 있는 흔한 풀이다. 하지만 누구에게는 소중할지 모른다. 우아함과 아름다움이 아니어도 흔한 제비꽃이 누구에게는 절대적이다. 사랑은 그러기에 조건이 아니다. 마음이고 받아들임이다. 다가옴이며 다가섬이다. 무시하고 지나칠 것 같은데도 나에게는 너무나 예쁜 제비꽃이다.

그런 제비꽃이 나를 잡아끌었다. 어떻게 해보지 못한 채 그냥 잡아당겨졌다. 나로 모르게 끌려갔다. 그 끌림이 너무 커서 저항할 수 없었다. 지구가 지구상의 모든 것을 잡아당기듯 나의 모든 것을 제비꽃 하나가 잡아끌었다. 끌림은 공간을 초월할 수밖에 없었다. 가까워질 수밖에 없는 운명이었다.

가까워지며 내 심장이 벌렁거린다. 심장이 너무 뛰어 그 크기가 하늘부터 땅까지 이어진다. 설렘이다. 오늘도 내일도 그렇게 그 심장의 날뜀, 즉 설렘은 이어진다. 그러기에 주기적인 진자운동일 수밖에 없다. 계속되기 때문이다. 하늘부터 땅까지란 그 설렘의 크기이다. 얼마나 설레고 얼마나 보고 싶고 얼마나 그리우면 하늘부터 땅까지 왔다 갔다 하는 것일까? 모든 것을 잊을 수 있을 만큼, 모든 것을 줄 수 있을 만큼이기에 그렇다.

진자운동은 서서히 감쇠한다. 시간에 따라 줄어든다. 시간 속에 많은 변수들이 존재하기 때문이다. 그러기에 어떤 사랑도 시간이 지나면 작아질 수밖에 없다. 사랑도 변한다. 줄어들 수 있는 요인이 제거되지 않는 이상 계속 감쇠되어 나중엔 아예 그 아름다웠던 나의 설렘의 진자운동은 정지하고 만다. 그 설렘을 이어가지 못하는 한 그렇게 진자운동은 끝나고 말 운명이다.

첫사랑은 초기조건이 엄청나다. 워낙 큰 진폭이기에 시간이 지나도 계속 내 마음에 남아 있다. 이루어지지 않았다면 그 시간의 흐름 속의 변수가 없었다는 것이다. 그러한 첫사랑은 끝나지 않고 영원히 남아 있다. 후에 다시 첫사랑을 만난다면 그 영원함을 잃는다. 그러기에 첫사랑은 만나지 말아야 한다.

사랑의 물리학은 한마디로 설렘이었다. 영원한 나의 마음에 남아 있는 운명이었다.

◆ 계속되는 진자운동 ◆

03

점근적 자유성

우주의 모든 물질은 원자로 이루어져 있다. 원자는 가운데에 핵이 존재하고 그 주위를 전자가 돌고 있다. 핵의 크기는 정말로 작아 약 10의 마이너스 15승 미터 정도 된다. 핵 안에는 양성자와 중성자가 있다. 양성자는 업쿼크(up quark) 두 개와 다운쿼크(down quark) 한 개로 이루어져 있다. 중성자는 다운쿼크 두 개와 업쿼크 하나로 구성되어 있다.

중성자는 전하량이 제로이기 때문에 전기력의 영향을 받지 않지만, 양성자는 양전하를 가지고 있기 때문에 전기력의 영향을 받는다.

핵 안에 양성자가 많아지면 어떻게 될까? 전기력은 같은 전하를 가지고 있는 것은 서로 밀고, 다른 전하를 가지고 있는 것은 서로 잡아당긴다. 따라서 핵 안에 있는 양성자는 양전하를 가지고 있기 때문에 서로 밀어내는 힘인 척력이 존재한다. 그런데 문제는 핵이라는 공간은 극히 작은 공간이다. 이렇게 작은 공간에 양성자가 많아지면서 서로 밀쳐내는 힘이 커지게 될 수밖에 없게 되어 불안정해진다. 출퇴

근 시간 지하철의 발 디딜 틈도 없는 공간을 생각하면 이해하기 쉬울 것이다.

그렇다면 어떻게 해야 척력이 존재하는 핵이라는 공간에 양성자가 계속 존재할 수 있을까? 답은 간단하다. 양성자끼리 서로 밀어내는 척력보다 더 큰 힘으로 양성자를 묶어주는 다른 힘이 존재하면 된다. 이런 힘을 강력이라고 한다. 강력은 핵이라는 극히 좁은 공간에 있는 양성자끼리 작용하는 전기력보다 훨씬 큰 힘으로 양성자에 작용하여 양성자가 핵 안에 존재할 수 있도록 한다.

그럼 만유인력은 없는 것일까? 양성자는 질량을 가지고 있기 때문에 당연히 인력이 작용한다. 하지만 양성자끼리의 전기력이 만유인력보다 10의 39승 정도나 크므로 아무런 의미가 없다.

여기서 중요한 것은 바로 강력이라는 힘의 성질이다. 자연에는 만유인력, 전자기력, 강력, 약력이 존재하는데 네 가지 다른 힘이 있다는 것은 그 힘의 성질이 각각 다르다는 의미이다. 약력은 엔리코 페르미가 베타붕괴를 설명하기 위해 도입한 것이었는데 그 존재가 실험적으로 증명되어 페르미는 이 공로로 노벨 물리학상을 받았다. 하지만 약력은 우리가 논의하는 것과는 상관이 없다.

중요한 사실은 바로 양성자와 중성자를 구성하는 쿼크끼리의 상호작용이다. 양성자나 중성자 안에는 쿼크 세 개가 존재하는데 이 공간은 핵보다 훨씬 작다. 이렇게 극히 작은 공간에 어떻게 쿼크가 존재할 수가 있을까?

강력은 만유인력이나 전자기력에 비해 아주 다른 성질이 있다. 만유인력이나 전자기력은 거리의 제곱에 반비례한다. 거리가 가까울수록 그 힘이 커지고 멀어질수록 작아진다. 즉 핵 안에서 양성자가 가까이 있을수록 전자기력의 힘은 커질 수밖에 없다. 만유인력도 커지지만 위에서 말한 대로 그 크기가 워낙 작아 있으나 마나 할 정도이다.

강력은 이와는 반대이다. 가까울수록 상호작용의 영향은 별로 미치지 않고 멀어지면 커진다. 강력의 특징, 즉 전기력이나 만유인력과는 반대로 거리가 가까울수록 작아지고 멀수록 커지는 성질을 흔히 점근적 자유성(asymptotic freedom)이라고 한다. 이 성질이 바로 핵심이다. 가까워질수록 거의 영향을 미치지 않는다. 왜냐하면 이것이 강력의 존재하는 이유이기 때문이다. 하지만 멀어지는 강력의 크기가 커지면서 양성자 밖으로 쿼크가 나가지 못하도록 하여 서로 가까이 존재할 수 있도록 만든다. 이렇게 해서 양성자라는 좁은 공간에 쿼크가 존재할 수 있다.

쿼크는 양성자나 중성자 안에서 자유로운 점입자처럼 행동한다. 쿼크들 사이의 거리가 가까워질수록 자유도가 커진다. 둘 사이의 거리가 0이 된다면 완벽한 자유로운 입자가 된다. 하지만 쿼크들 사이의 거리는 어느 한계 이상 멀어지지는 않는다. 이로 인해 쿼크는 양성자 안에서 존재할 수 있다. 가까울수록 자유도가 커지는 이러한 현상, 즉 점근적 자유성을 연구한 데이비드 그로스, 프랑크 윌첵, 데이비드 폴리처는 이 연구로 2004년 노벨 물리학상을 받았다.

점근적 자유성은 우리에게 사람 간의 관계에 있어서 중요한 의미를 주기도 한다. 한마디로 말하면 가까울수록 서로가 자유로워야 한다는 것이다. 반대로 멀어지려고 하면 더 많은 힘을 발휘해야 할 필요가 있다는 의미이다. 즉 친해지고 더 좋은 관계가 될수록 서로에게 집착하거나 기대하거나 구속하기보다는 서로에게 더 많은 자유를 주어야 한다는 뜻이다. 간섭하지 않고 보이지 않는 것도 믿어 주고 각자가 하고 싶은 것을 할 수 있도록 편하게 내버려 두어야 한다는 의미이다. 반대로 멀어질수록 더 많은 마음을 써야 한다.

서로 성격이 맞지 않는다고, 내가 생각하는 것하고 다르다고, 나에게 잘 대해주지 않는다고 해서 신경을 쓰지 않고 마음을 주지 않는 것이 아니라 반대로 더 많은 배려를 해야 한다는 의미이다. 서로 사랑해서 결혼했는데 살다 보니 별로인 것 같고 성격 차이도 너무 심하고 생각하는 것도 너무 다르고 해서 그만 끝내고 이혼하고 다른 사람하고 결혼해서 살아보니 다시 시간이 지나 새로 결혼한 사람도 전과 다른 것 없어서 또 이혼하고, 또 결혼하고 그러다 보니 나중에 내린 결론은 별다른 사람이 없다는 얘기를 하곤 한다. 어차피 특별한 사람은 없다. 다 비슷한 사람인 것이 진리다. 바꿔도 소용없다. 왜냐하면 양성자 안에는 업쿼크와 다운쿼크밖에 없기 때문이다. 업쿼크는 다 같고 다운쿼크도 다 같을 뿐이다.

중요한 것은 쿼크끼리 점근적 자유성을 발휘하듯 우리 사람들도 점근적 자유를 이해하고 허용하는 것이 진정으로 지혜로운 것이다. 가까운 사람일수록 간섭하지 말고 그냥 내버려 두면 시간이 지나 서로가 정말 자유롭게 지낼 수 있다. 만약 어느 순간에 싫어서 멀어지게 되면 기분 내키는 대로, 감정 나오는 대로, 생각되는 대로 행동하는 것이 아니라 오히려 이때 서로에게 더 배려를 해서 멀어지지 않도록 노력하는 것이 바로 강력의 핵심이다. 서로를 좋아하고 사랑한다면 강력 특히 점근적 자유도를 우리 생활에 적용해 보는 것은 어떨까? 이것은 사실 만유인력이나 전기력보다 너무 이해하기 힘들었기 때문에 최근에 와서야 알려졌고 물리학계에서 난제로 꼽혀왔다. 이를 해결함으로써 자연에 존재하는 전자기력, 약력, 강력이 통일될 수 있는 양자색역학(Quantum Chromo Dynamics)의 기반이 마련되어 아인슈타인이 꿈꾸었던 대통일이론으로 한 발짝 다가설 수 있었다. 이로 인해 그로스, 윌첵, 폴리처가 노벨 물리학상의 수상 의미가 여기에 있었던 것이다.

우리도 우리 생활에 점근적 자유성을 이해하고 노력해야 할 필요가 있다. 가까운 사람으로부터 진정으로 자유롭고, 혹시나 무슨 일이 있어 멀어져 가려는 경우 다투지 말고 서로 마음을 더 나누어 다시 가까이 할 수 있도록 노력하는 것이 중요하다. 이런 사람 간의 관계에서도 점근적 자유도를 이해하고 풀어내는 사람이 바로 사랑의 노벨상을 탈 수 있지 않을까?

04

바닷속의 고래

갑돌이: 물고기는 물속에 살지?

갑순이: 응, 그렇지.

갑돌이: 고래도 물속에 살지? 바다도 물이니깐.

갑순이: 당연하지. 고래는 육지에서 돌아다니지 않잖아.

갑돌이: 그럼 고래도 물고기인가?

갑순이: 아니지. 고래는 포유류라던데.

갑돌이: 왜 그렇지?

갑순이: 고래는 새끼 낳아서 젖을 먹여 키우기 때문에 포유류래.

갑돌이: 그래? 그럼 물속에 사는 동물 중에 고래만 포유류고 나머지는 다 물고기 즉 어류인가?

갑순이: 해초나 미생물 같은 것은 빼고 아마 그럴걸. 물고기 중에 포유류는 고래밖에 없을걸.

갑돌이: 물에 사는 동물 중에 고래 하나만 포유류라 할 필요가 있을까?

고래가 바닷속에 살지만, 포유류라는 것을 모르는 사람은 거의 없다. 고래도 새끼에게 젖을 먹여 키우기 때문이라는 이유로 포유류라 이야기하면 대부분 수긍하고 더 이상 의문을 가지지는 않는다. 어쩌면 당연하다고 그냥 받아들이기 때문이다. 사실 나도 이것 가지고 뭐라 하고 싶지는 않다. 하지만 한 가지 생각하고 싶은 것은 있다.

흔히 哺乳類(포유류)란 젖을 먹여 새끼를 키우는 동물을 말한다. 인간, 개, 고양이, 호랑이, 사자 등 우리가 잘 아는 동물들은 대부분 포유류다. 지구상에는 4,000여 종이 넘는 포유류가 있다고 한다.

그 많은 4,000종이 넘는 포유동물 거의 대부분은 육상생활을 한다. 오로지 고래만 물속에 산다. 나는 생물학자가 아니라 생물의 분류는 잘 모르지만, 오직 고래 하나가 예외가 되는 분류의 기준이 이해가 되지 않았다. 그래서 좀 자세히 찾아보니 생물의 분류는 "계-문-강-목-과-속-종"이라는 순서로 이어지며 척삭동물문 아래로 유악동물이 있고 이 유악동물 밑으로 연골어류, 경골어류, 사족류, 양막류가 있다. 사족류는 양서류가 해당이 되고, 양막류에 파충류, 조류, 그리고 포유류가 있다.

용어가 바로 와 닿지는 않지만, 그것이 중요한 것은 아니다. 문제는 기준이다. 척삭동물문은 척추가 있고 없음으로 무척추, 척추로 나누어지고, 척추동물은 다시 턱이 있고 없음으로, 그 아래는 폐가 있고 없음으로, 그 아래는 관절화된 부속지가 있고 없음으로, 그 아래는 양막란이 있고 없음으로, 그 아래는 다시 날개가 있고 없으므로 분류하다 보니 물속에 사는 고래가 나머지 4,000여 가지의 육상동물과 같은 포유류에 속하게 된 것뿐이었다.

이것을 찾다가 물속에 있는 포유류도 있다면 날아다니는 포유류는 없는지 궁금해졌다. 나는 없을 줄 알았는데 있었다. 바로 박쥐였다. 박쥐가 포유류라는 것을 솔직히 어제까지도 몰랐다. 나는 박쥐를 조류로 알고 있었다. 박쥐는 날개가 있지 않은가? 하지만 박쥐도 새끼를 젖을 먹여 키우기에 포유류에 속했다.

지구상에 포유류를 4,000종이라 가정한다면, 물속에 사는 고래 1종, 날개가 있어 날아다니는 박쥐 1종, 이 2종을 빼고 나머지 3,998종은 육지에 사는 포유류가 되는 것이다. 예외 없는 법은 없다고 하지만, 물리학을 전공한 나로서는 어째 좀 께름칙했다. 물론 생물의 가장 큰 특징은 다양함에 있다는 것을 잘 안다. 그 많은 다양성에서 그나마 공통점을 찾아내 생물을 분류한 것이라 생각된다.

말할 필요도 없이 생물학자들의 엄청난 연구에 의해 생물 분류의 기준이 마련되었고 그것을 바탕으로 생물들을 분류하였을 것이다. 하지만 고래를 더 커다란 분류 체계인 어류에 넣고 다시 고래만의 특징을 잡아 어류에 속하는 어떤 계통을 만들었으면 어땠을까 하는 생각이 들었다. 또한 박쥐도 그 위 단계인 날개가 있는 조류에 넣고 다시 박쥐가 가지고 있는 특징으로 조류 내에서 다른 계통의 분류를 하는 방법은 없었을까 하는 생각이 들었다. 물론 내 생각일 뿐이다. 그리고 이 글은 이 생각을 주장하고자 하는 의도는 아니다. 단지 호기심으로 잠시 생각해 보았을 뿐이다. 내가 말하고 싶은 것은 기준의 중요성이다. 기준이 중요한 것이 사실이긴 하지만 더욱 중요한 것은 기준을 어떻게 만들 것인가에 대한 문제이다. 기준이 잘못 만들어지면 그로 인한 혼란은 생각보다 클 수가 있다.

수학은 정의의 학문이라고 한다. 정의가 무엇인가에 의해 학문 자체가 달라질 수 있다. 그러기에 수학을 학문의 왕이라 하는 것이다. 만약 정의나 기준이 문제가 있다면 그것을 과감하게 바꾸어야 한다. 기준과 정의는 일반적이어야 한다. 그 기준을 들었을 때 갸우뚱한다거나 의심이 간다던가 일반화하기에 부족하다면 좋은 기준은 아니다. 그 기준을 마련하기는 했는데 그로 인한 혼란이 생긴다면 다시 그 기준을 살펴볼 필요가 있는 것이다.

우리의 삶에 있어서도 마찬가지이다. 나의 삶의 기준은 무엇일까? 내가 다른 사람과의 관계에서 가장 중요하게 생각하는 기준은 무엇일까? 그 기준에 의해 나의 인생사는 다른 모습으로 나타날 수밖에 없다. 기준을 숙고하지 않는 이상 그 이후는 자신의 원하는 방향이나 흐름으로 인생이 가지 않을 수도 있다. 살아가면서 나의 삶의 기준에 잘못은 없는지 돌아볼 필요가 있다. 나는 고래가 포유류라는 것을 알고는 있지만, 포유류가 아니라 해도 그게 문제가 될 것 같지는 않다. 새끼를 젖을 먹여 키우는 어류라고 해서 무슨 문제가 되겠는가?

◆ 바닷속의 고래는 포유류 ◆

05

무지개는 어떻게 생기는 걸까?

비가 오고 나면 무지개를 볼 수 있다. 맑은 날에는 어디를 돌아봐도 무지개를 발견할 수가 없다. 무지개가 생기는 이유는 무엇일까? 당연히 비와 관련되어 있기 때문일 것이다. 비가 오고 나면 대기에 물방울이 당연히 많게 된다. 그러므로 무지개가 생기는 이유는 당연히 이 물방울 때문일 것이다.

어떻게 해서 물방울 때문에 무지개가 생길 수 있는 것일까? 우리가 무지개를 볼 수 있는 것은 빛 때문이다. 무지개뿐만 아니라 그 어떤 것을 보기 위해서는 빛이 필요하다. 그렇다면 당연히 무지개는 물방울과 빛으로 인해 생기는 것이라는 것을 쉽게 알 수 있다.

결국 무지개란 빛이 물방울과 만나는 것에서 나타난다. 물방울은 공기 중에 떠 있으니 빛이 물방울과 상호작용을 하기 위해서는 빛 스스로 물방울에게 다가가야 한다. 그렇다면 빛과 물방울이 만나 어떤 일들이 생기는지만 알게 되면 무지개가 생기는 원리를 쉽게 이해할 수 있다.

우리가 목욕탕에 가서 발을 담근 후 물에 담긴 발을 쳐다보면 발이 휘어져 있는 것을 볼 수 있다. 즉 빛은 공기에서 물로 갈 때 직선으로 가지 않는다. 공기와 물은 그 매질이 다르기 때문에 빛은 그 경로를 바꾸어 간다. 빛이 물을 만나는 순간 그 경로가 휘어지는데 이를 굴절이라고 한다.

빛은 왜 매질이 다른 물질을 만나면 휘어지는 것일까? 그 이유는 간단하다. 가장 짧은 시간에 갈 수 있는 길을 택하기 때문이다. 예를 들어 우리가 육지에서 달릴 때하고 물속에서 달릴 때를 생각해 보면 물속에서 달리는 것이 훨씬 힘들다. 그렇다면 물과 육지가 섞여 있는 경우 똑같은 거리를 간다면 어떤 경로를 택하는 것이 좋을까? 당연히 육지로 많이 달리고 물에서는 조금만 달리면 최소시간으로 목표까지 갈 수 있다. 이를 흔히 "최소시간의 원리"라고 부르는데, 물리학에서 가장 중요한 "최소 작용의 원리"의 하나이다.

빛이 공기를 진행하다가 물을 만나게 되면 최소시간 안에 가기 위해 물속에서는 경로를 바꾸어 휘어져 가는 것이다. 그 휘어진 경로가 빛이 가장 빨리 갈 수 있는 길이 되는 것이다.

비가 와서 대기 중에 물방울이 있으면 빛이 물방울을 만나는 순간 한 번 굴절해서 경로가 바뀐다. 물방울 안에서 빛은 진행하다가 물방울의 반대쪽 면에 도달하면 일부는 물방울 밖으로 나가기도 하지만 일부는 물방울 안에서 반사된다. 그 반사된 빛은 다시 물방울 밖으로 나오면서 대기를 만나 다시 굴절한다. 빛은 여러 가지 파장으로 이루어진 파동이기에 다른 파장의 빛은 그 굴절각과 반사각이 다르므로 물방울 밖으로 나온 빛은 파장에 따라 경로가 바뀔 수밖에 없어 전부 나누어진다. 즉 분산하게 되는 것이다. 빛이 프리즘을 통과하면 빨간색부터 보라색까지 나누어지는 것과 같다. 즉 물방울은 프리즘과 같은 역할을 하게 되면서 우리는 무지개를 볼 수 있게 되는 것이다.

또 하나 생각해 볼 것은 무지개를 자세히 관찰해 보면 무지개가 다 같지는 않다. 무지개의 크기도 다르고, 그 선명함도 다르다. 뿐만 아니라 무지개가 하나일 때도 있지만, 두 개인 경우도 있다. 흔히 쌍무지개라고 한다. 이렇게 다른 무지개를 볼 수 있는 것은 빛이 만나는 물방울의 크기, 물방울의 개수 등이 다르기에 그렇다. 즉 빛은 어떤 물방울을 만나느냐, 얼마나 많은 물방울을 만나느냐에 따라 다른 무지개를 만들어내는 것이다.

무지개가 조금씩 다르듯이 우리의 각자의 삶도 조금씩 다르다. 처음에 사람으로 태어나는 것은 비슷하지만, 누구를 만나느냐 어떤 일을 겪느냐에 따라 우리의 인생이 달라진다. 좋은 사람을 만날 수도 있고 나쁜 사람을 만날 수도 있으며, 좋은 기회를 잘 살릴 수도 있지만, 그런 좋은 기회를 다 놓칠 수도 있다. 그러한 삶의 굴곡이 우리의 인생을 결정한다. 하지만 중요한 것은 어떠한 경로를 겪어 삶을 살아갈지라도 우리의 인생은 아름다울 수 있다. 어떤 물방울을 만나도 무지개는 아름다운 것처럼 말이다.

◆ 무지개가 생기는 이유 ◆

06

지구가 공전하는 이유

어떤 사람이 야구공을 지상에서 수평 방향으로 던지면 어떻게 될까? 당연히 공은 앞으로 가다가 땅으로 떨어진다. 땅으로 떨어지는 이유는 무엇일까? 만유인력 때문이다. 지구도 질량이 있고 야구공도 질량을 가지고 있으므로 서로 잡아당기는 만유인력 때문에 공은 앞으로 가다가 땅으로 떨어지는 것이다.

만약 야구공을 사람이 아닌 강력한 힘을 가지고 있는 기계로 던진다면 어떻게 될까? 당연히 공은 사람이 던진 것보다 훨씬 더 많이 앞으로 가다가 떨어질 것이다.

좀 더 이상적으로 공기의 저항이 없다고 생각하고, 자신의 힘을 마음대로 조절할 수 있는 슈퍼맨이 있어서 이 사람은 어떠한 속도로도 공을 던질 수 있다고 생각해 보자. 슈퍼맨이 초속 약 8 km로 야구공을 던지면 어떻게 될까? 야구공은 앞으로 계속해서 가다가 지구를 완전히 한 바퀴 돌고 다시 원위치로 돌아오게 된다. 왜냐하면 지구는 둥글기 때문이다. 만약 지구가 둥글지 않고 무한대의 크기의 편평한 물체라면 물론 엄청나게 멀리 가다 땅에 떨어지기는 한다.

하지만 지구는 둥글기 때문에 슈퍼맨이 던진 초속 8 km의 야구공은 계속해서 지구를 돌 수 있다. 다른 조건들이 없다면 이 야구공은 영원히 지구를 공전하게 된다.

지구를 태양으로 생각하고 야구공을 지구로 가정해 보자. 슈퍼맨보다 더 힘이 센 슈퍼 울트라맨이 있어서 지구를 슈퍼맨이 야구공 던지듯이 초속 약 30 km로 지구를 태양으로부터 1억 5천만 km 떨어진 곳에서 던진다면 어떻게 될까? 여러분이 생각한 대로 지구는 태양 주위를 한 바퀴 빙 돌고 나서 다시 원위치로 돌아온다. 지구와 태양 사이에는 공기가 하나도 없어서 저항력이 거의 없다. 따라서 슈퍼 울트라맨이 던진 지구는 원위치로 돌아오고 나서도 계속해서 돌 수 있다. 지금으로부터 약 45억 년 전에 지구는 태어났다. 당시 태양으로부터 1억 5천만 km 떨어진 곳에 위치에 있었다. 슈퍼 울트라맨이 있었는지는 모르나 어쨌든 지구는 그 위치에서 초속 30 km의 속력으로 운동을 시작했다. 그리고 1년을 주기로 지구는 태양 주위를 계속해서 돌고 있고 지금까지도 계속해서 공전하고 있는 중이다.

지구가 공전하는 이유는 바로 만유인력 때문이다. 하지만 조건이 필요하다. 현재와 마찬가지인 태양으로부터 떨어진 거리, 공전 속도, 그리고 태양과 지구의 질량 값이다. 이 조건이 맞아들어가지 않으면 지구는 계속해서 공전할 수 없다.

만약에 지구의 질량이 같은데 태양의 질량이 현재보다 훨씬 크거나, 태양으로부터 지구까지의 거리가 현재보다 가까운 경우, 그리고 현재 지구의 공전 속력 초속 30 km보다 빠를 경우엔 어떤 일이 일어날까? 지구는 계속해서 현재 상태로 공전을 유지하지 못하고 점점 태양 쪽으로 빨려 들어가 수천 도가 넘는 태양에 흡수되어 종말을 고해야 한다.

만약 지구의 질량이 지금과 같고, 태양의 질량이 현재값보다 작거나, 태양으로부터 지구의 거리가 지금보다 더 멀리 떨어져 있고, 현재 지구의 공전 속력보다 지구가 더 빨리 돌고 있다면 어떻게 될까? 지구는 불행히도 지금의 상태를 유지할 수 없고 태양으로부터 점점 멀어지게 된다. 지구가 태양으로부터 멀어지게 된다면 지구의 기온은 내려가기 시작할 것이고 나중에 결국 태양으로부터 너무 멀어지게 되면 지구의 평균 온도는 엄청나게 떨어져 현재의 생명체들이 살아갈 수는 없을 것이다.

지구가 공전하는 이유는 위에서 말한 것과 같다. 이러한 자연의 원리는 사람에게 똑같이 적용될 수 있다. 우리는 흔히 사람 사이에 존재하는 원리나 자연에 존재하는 원리가 다르다고 생각하는 경우가 있다. 물론 구체적으로 들어가면 그럴 수 있다. 하지만 커다랗게 가장 중요한 원리를 생각하면 자연의 원리나 사람 사이의 원리가 다 비슷하다. 2,500년 전에 노자가 생각했던 것이 바로 이것이다. 자연은 커다란 문제 없이 모든 것이 자연스럽게 흘러가는 데 비해 사람은 수시로 많은 문제들을 접하며 살아가는 것을 보고, 자연의 원리를 따라 사람도 살아가면 어떨지 생각했던 것이다. 그래서 그는 이 원리를 당시의 한자로 "道(도)"라 표현했다. 즉 그가 생각한 도는 바로 우주 전체를 아우르는 자연의 원리(principles)였다.

물론 그의 생각이 다 맞는 것이 아닐지는 모른다. 하지만 우리에게 충분히 도움이 된다. 왜냐하면 인간도 자연의 일부일 뿐이기 때문이다. 자연의 원리를 따라 살아가면 사람도 순리대로 살아갈 수 있을 것이라는 그의 생각을 깊이 새길 필요가 있다.

지구가 태양 주위를 공전하는 것만 해도 그렇다. 지구는 아무런 문제 없이 지난 45억 년 동안 계속해서 그 상태를 유지할 수 있었다. 이 공전의 원리를 우리에게 적용해 보면, 사람 간의 관계도 아주 오랫동안 평화롭게 좋은 관계로 유지할 수가 있다. 태양과 지구의 만유인력이 상호작용이듯이, 사람과의 관계도 상호작용이다. 지구와 태양은 적당한 인력과 적당한 거리, 그리고 적당한 속력을 유지할 수 있기에 지구는 태양 주위를 영원히 공전할 수 있었다. 마찬가지로 우리 사람들의 관계도 어느 정도의 거리를 두고 일정한 좋아함을 유지하며 적당한 일상생활을 해나간다면 크게 문제가 생기지 않는다.

하지만 사실 이것은 불가능에 가깝다는 것도 잘 안다. 그 이유는 인간은 욕심이 존재하고, 이기심이 있으며, 바라는 것이 있고, 감정이 있기 때문이다. 자신의 생각이 옳다고 강요하고, 자신을 알아주지 않는다고 서운해 하는 그러한 일들도 있다. 한마디로 말해서 변수들이 너무 많다는 것이다.

그럼 방법은 없는 것일까? 당연히 있다. 그러한 많은 변수들을 줄여나가면 된다. 변수를 많이 줄일수록 사람과의 관계는 편안하고 자유로우며 오래도록 함께 할 수 있는 것이다. 나에게 어떤 일이 일어나도 별로 신경 쓰지 않고, 다른 사람과의 관계에도 그저 담담하게 반응해 나가다 보면 그러한 변수들이 많이 줄어들 것이다. 물론 어떤 사람들은 그렇게 무미건조한 사람 사이의 관계를 좋아하지 않을 수도 있다. 그것은 그의 욕심일 뿐이다. 자신이 좋아한다고 해서 억지로 인력을 강하게 작용시킨다면 처음에는 좋을지 모르나 나중엔 그게 오히려 더 큰 문제가 될 수 있다. 나는 이만큼 너를 좋아하고 너를 위해 이만큼 희생하고 노력했는데 너는 나한테 해준 것이 뭐가 있냐? 이런 식이 되어버릴 수가 있다. 그 좋아했던 감정이 원수의 감정으로 변하게 될 수가 있다.

사람 간의 관계는 항상 변한다. 하지만 그 변함이 좋지 않은 결과를 가져온다면 바람직하지 않다. 차라리 지구가 태양 주위를 오랫동안 공전하는 것처럼 편안하고 자유로운 관계를 아주 오래도록 유지하는 것이 더 현명한 것은 아닐까?

◆ 우리가 살고 있는 지구 ◆

07

비활성 기체가 홀로 설 수 있는 이유

주기율표의 맨 오른쪽 끝에 있는 원소를 비활성 기체라고 한다. 보통 inert gas라 부르지만, noble gas라고 하기도 한다. 여기서 noble이란 누구한테 기대하지 않고 홀로 서 있는 고고한 상태를 뜻한다. 이 원소들은 보통 다른 원소들과 결합하는 것보다는 자기 스스로 홀로 존재하는 것을 선호한다.

비활성 기체가 홀로 존재하기를 선호한다면, 비활성 기체를 제외한 다른 원소들은 홀로 존재하지 않고 다른 원소들과 함께 존재하는 것을 좋아한다. 예를 들어 우리가 매일 마시는 물 같은 것은 수소 두 개와 산소 하나가 결합된 액체이다.

왜 그런 것일까? 에너지적으로 안정하기 때문이다. 예를 들어 수소 원자 하나가 존재할 때와 수소 원자 두 개가 결합했을 때를 비교해 보면 수소 원자가 두 개 결합한 상태 즉 수소 분자인 경우가 수소 원자 하나로 존재했을 때보다 에너지적으로 훨씬 안정하다. 하지만 비활성 기체는 이와는 반대이다. 다른 원소들과 결합하지 않고 자기 혼자 있을 때가 에너지적으로 더 안정하다.

또 다른 이유도 있다. 반응성이다. 비활성 기체는 반응을 잘 하지 않는다. 반응을 잘 하지 않는다는 말은 다른 원소들이 비활성 기체 쪽으로 가까이 와도 무관심하다는 뜻이다. 물질의 반응성은 원소의 최외각 전자에 의해 결정된다. 예를 들어 주기율표 맨 왼쪽에 존재하는 원소들은 최외각 전자가 하나 있는데, 이들은 주기율표 맨 오른쪽에서 두 번째에 있는 원소들과 결합하기를 좋아한다. 왜냐하면 그네들은 최외각에 최대로 존재할 수 있는 전자 하나가 부족하기 때문이다. 이렇게 가장 바깥쪽에 최대로 존재할 수 있는 전자의 수가 부족하거나 남으면 다른 원소들과 쉽게 반응한다.

비활성 기체에는 헬륨, 네온, 아르곤, 크립톤, 제논, 라돈이 있는데 이 원소들의 가장 바깥쪽에는 전자가 모두 꽉 채워져 있다. 즉 전자가 부족하지도 않고, 남지도 않기에 다른 원소들이 가까이 와도 잘 반응하지 않는다.

이러한 이유로 비활성 원소들은 독립적으로 홀로 존재하는 것을 선호한다. 에너지적으로 안정적이며 다른 외부에 잘 반응하지 않기에 오랜 시간이 지나도 다른 원소들과 결합하지 않은 채 자신이 고유한 성질을 지키면서 고고하게 서 있는 것이다.

홀로 존재하는 것이 외롭지는 않을까? 물론 내가 비활성 기체가 되어본 적이 없었기에 나도 모른다. 그저 그것이 자연의 성질일 뿐이다. 하지만, 홀로 존재한다고 해서 꼭 외로우라는 법도 없다. 누군가를 의지해야만 한다면 외로움을 느낄 수 있겠지만 그렇지 않다면 외로움이란 단어 자체를 모를 수도 있다.

우리는 살아가면서 누구나 모두 많은 일들을 겪게 된다. 정도의 차이는 있을지 모르나, 많은 일들과 사람들을 경험하게 된다. 하지만 그런 많은 일들을 겪으면서도 자신을 지켜가며 안정적으로 살아가는 사람이 있는가 하면, 조그마한 일에도 불안해하며 어쩔 줄 몰라 매일을 불안정하게 살아가는 사람들도 있다.

또한 여러 사람을 만나다 보면 좋은 사람도 있는 반면에 그렇지 못한 사람도 있다. 사람과의 관계에서 예민할수록 홀로서기는 힘들어진다. 어떤 사람을 만나고 그 사람과 어떤 일을 겪게 되더라도 무덤덤하게 그러려니 해야 나 자신을 지킬 수 있다. 조그마한 일에 마음 아파하고, 연연해한다면 나 스스로 내 자신을 지킬 수가 없다. 다른 사람에 의해 나의 인생이 흔들리거나 많은 영향을 받는다면 그것은 나에게 영향을 미치는 사람의 인생이지 나 자신의 인생이 아니다. 그저 무덤덤하게 무슨 일이 나에게 일어나도 별 반응하지 않고 나만의 세계를 지켜나가야 한다. 비활성 기체를 noble gas라 하는 이유가 바로 여기에 있다. 스스로 안정적이고 외부에 의해 잘 반응하지 않기에 혼자서도 고귀하게 우뚝 설 수 있는 것이다.

08

운명이라는 충격량

9회 말 투 아웃, 점수는 3점 차이로 패색이 짙었다. 그동안 선발로 나서지 못했던 신인 대타 선수가 패전의 희생양으로 낙점되었다. 타석에 들어서자 눈 깜짝할 사이에 공 5개가 지나갔다. 투 스트라이크 쓰리 볼, 투수는 마지막 공을 던졌다. 신인 타자는 있는 힘을 다해 배트를 휘둘렀다. 공이 배트에 맞은 소리가 유난히 크고 깨끗했다. 아름다운 포물선을 그리며 날아가는 공의 궤적을 모든 사람들이 눈을 떼지 못하고 지켜봤다. 만루 홈런이었다. 3점 차를 뒤집고 승리의 환호성이 터졌다. 모든 선수들은 신인 타자에게 쏜살같이 달려와 등과 머리를 두드리고 온몸에 물을 뿌려주며 그날의 영웅을 환영했다. 그의 인생 최고의 순간이었다.

어떻게 이것이 가능했을까? 충격량 때문이었다. 신인 타자가 마음을 비우고 있는 힘을 다해 휘두른 배트는 투수가 던진 공을 정확하게 배트의 중간에 맞추었다. 그 힘의 크기가 대단히 컸고, 정확하게 공이 맞는 바람에 공과 배트가 함께 할 수 있는 그 순간적인 시간이

상대적으로 길었다. 힘과 시간을 곱한 그 충격량의 크기가 엄청나서 배트에 맞은 공은 그 반발력이 최대치로 나왔다. 그로 인해 배트에서 튕겨져 나가는 공의 초기 속도는 어마어마했고, 그 각도도 45도에 가까웠다. 공이 아무런 문제 없이 외야 담장을 가뿐히 넘었다.

날아오는 야구공의 운동을 바꾸는 것은 바로 이 힘과 시간의 곱인 충격량의 크기에 의해 결정된다. 그 충격량이 클수록 야구공의 운동량 변화가 크기 때문에 홈런이 될 수 있는 것이다.

예전에 미국 대학원 시절 학교에 가는 아침 시간에 고속도로에서 교통사고가 났다. 고속도로였기에 내 차의 속력은 시속 110 km 정도였고, 정면충돌로 인해 나는 순간적으로 기억을 잃었다. 얼마가 지났는지 전기톱으로 무언가를 자르는 소리에 희미하게 눈이 떠졌다. 내 차 문짝을 잘라 나를 꺼내려는 것 같았다. 내 눈에 띄는 것은 911의 연락을 받고 달려온 빨간 소방 자동차와 흰색 앰뷸런스였다. 나는 그렇게 앰뷸런스에 실려 종합병원 응급실로 이송되었다. 시속 110 km의 속력으로 달리는 차의 그 힘과 정면충돌로 인해 생긴 그 시간의 곱은 엄청난 충격량을 내 차에 안겨 내 차는 결국 폐차될 수밖에 없었고, 나는 한 학기를 쉴 수밖에 없었다.

다음 학기에 다시 학교에 가려고 집을 나섰다. 교통사고가 났던 그 길은 집에서 학교까지 가는 가장 빠른 지름길이었다. 그 길을 따라 다시 운전을 하고 가다가 점점 사고가 났던 지점이 가까워졌다. 갑자기 나의 심장이 벌렁거리면서 운전대를 잡고 있었던 나의 손이 부들부들 떨렸다. 도저히 그 지점을 지나칠 수가 없어서 고속도로를 빠져나와 다른 길로 돌아서 학교에 갔다. 그 이후 나는 그 길을 다시는 운전해서 가지 못했다. 그만큼 그때 받은 충격량은 나의 뇌리에 너무 남아 트라우마로 자리 잡고 있었던 것이다.

우리도 살아가다 보면 많은 일들을 겪는다. 나의 삶의 방향을 완전히 바꾸는 엄청나게 커다란 충격을 주는 일들도 생긴다. 그로 인해 나의 삶은 내가 바라지 않는 쪽으로 흐르게 되기도 한다. 그 충격량을 내가 컨트롤 할 수 있다면 얼마나 좋을까? 하지만 운명은 나의 힘으로 어쩔 수 없는 경우도 많다. 그것이 인간의 삶이고 인생이다. 내가 할 수 없으며 나의 힘으로 되지 않는 것은 그냥 내려놓고 받아들일 수밖에 없다. 그 충격을 나의 의지로 바꾸지를 못하기 때문이다. 그래도 나는 그 교통사고에서 죽지 않고 살아남았다. 사고가 나던 순간 나의 머릿속에는 죽음밖에 보이지 않았다. 살아남을 가능성을 1 %도 볼 수 없었던 그때의 기억이 아직도 생생하다. 운명이라는 충격을 내가 어찌할 수는 없지만, 내려놓고 받아들이는 것은 내가 할 수 있는 일이다.

◆ 충격량과 운동량 ◆

09

닭이 먼저일까? 달걀이 먼저일까?

닭은 달걀을 낳고, 달걀에서는 병아리가 태어나 닭이 된다. 이 닭은 또다시 달걀을 낳고, 여기서 다시 병아리가 태어난다. 이런 계속되는 순환 과정에서 닭이 먼저였을까, 달걀이 먼저였을까?

어떻게 보면 쉬운 것 같기도 하지만, 어렵기도 한 문제이다. 문제를 해결하기 위해서는 그 문제의 핵심을 찾아내면 간단하다. 이 문제의 핵심은 기원에 대한 것이다. 다시 말하면 시작에 관한 것이라 할 수 있다. 닭이 먼저 시작되었는지, 달걀이 먼저 시작되었는지에 대한 것이다.

기원은 시간과 관계되어 있다. 즉 언제 어떻게 시작되었는지를 풀어내면 되는 것이다. 그렇다면 문제는 간단히 해결된다. 처음의 그 시간으로 돌아가면 되는 것이다. 시간을 돌려 닭이 먼저 태어났는지, 달걀이 먼저 태어났는지 현재까지 돌아간 필름을 거꾸로 돌려보면 된다. 타임머신이 있다고 가정하고, 시간을 거꾸로 돌려보자. 수억 년일지, 수십억 년일지는 모르지만, 우리 머릿속에서 상상을 하면 된다.

닭이 먼저인지, 달걀이 먼저인지를 알아보기 전에 더 근원적인 문제를 찾아보면 이해하기가 쉬울 것이다. 시간을 완전히 거꾸로 돌려 우주가 탄생한 후 얼마 지나지 않았을 때를 생각해 보자. 이 시점에서 비슷한 질문을 던져볼 수 있다. 예를 들어 원자가 먼저일까, 양성자, 중성자, 전자가 먼저일까?

원자는 핵에 양성자와 중성자가 있고, 그 주위를 전자가 돌아야 존재할 수 있다. 때문에 단연코 원자보다는 양성자, 중성자, 전자가 먼저였다. 이 문제는 흔히 물리학에서 초기 우주론에 대한 것인데 당연히 원자가 나중에 생긴 것으로 쉽게 판명이 났다. 소위 우주 공간에서 물질이 어떻게 탄생했는지는 물리학에서 가장 중요한 문제 중 하나였다. 한스 베테를 시작으로 우주의 역사에서 이러한 물질의 탄생에 관한 연구가 시작되었다. 별 내부에서 수소와 헬륨 그리고 탄소가 어떻게 만들어졌는지를 연구하여 베테는 천체물리학 분야에서 최초로 노벨 물리학상을 받았다. 그 이후로 캘리포니아 공과대학의 파울러가 이 연구를 이어받아 우주에서의 화학 원소의 탄생에 대한 비밀을 풀어내 노벨 물리학상을 받게 된다. 어쨌든 더 자세한 얘기는 우리의 문제와 너무 벗어나므로 결론부터 내린다면 양성자, 중성자, 전자가 우주가 탄생하고 나서 얼마 지나지 않아 생겨나고, 양성자와 중성자가 핵을 만들게 되고, 그 이후 핵이 전자를 포획하여 원자가 탄생하게 된 것이다. 이게 바로 우주 공간에 가장 많이 존재하는 수소다. 수소와 수소가 별 내부에서 엄청난 온도의 조건에서 핵융합이 이루어지면서 헬륨이 된다.

그렇다면 양성자나 중성자 전자는 어떻게 생겨났을까? 양성자와 중성자, 그리고 전자 이것들도 처음부터 존재했던 것은 아니었다. 그 전에 우주가 탄생하고 나서 쿼크와 렙톤이 생긴 후에 업쿼크 두 개와 다운쿼크 한 개가 만나 양성자가 만들어지고, 업쿼크 하나와 다운쿼크 두 개가 만나서 중성자가 생겨났다. 이러한 쿼크에 대한 비밀은 머레이 겔만 등을 필두로 천재적인 과학자들이 풀어냈다.

이 시점에서 생각해 보면 닭이 먼저인지, 달걀이 먼저인지는 쉽게 해결된다. 하지만 생명과학은 물리학하고 조금 다르니 생명과학 차원에서 이 문제를 조금 더 살펴볼 필요가 있다. 달걀이건, 닭이건 이것들은 모두 생명체이다. 생명체는 보편적이면서도 특별하며 고유한 성질이 있다. 바로 연속성이라는 것이다. 생명은 시간이 지나도 연속적으로 존재가 가능하다. 하나의 개체의 차원이 아닌 종의 차원에서 볼 때 생명체가 연속성이 존재하지 않는다면 그 종은 바로 멸종되어 버리고 만다. 그렇다면 생명체의 연속성은 어디에서 기원하는 것일까? 바로 DNA로부터이다. 하나의 생명체는 자신 몸에 DNA가 있고 이를 다음 후손에게 전해주고 나서 얼마 지나지 않아 그 개체는 사망하게 된다. 하지만 자신의 DNA는 그 후손에게 전달이 되어 계속해서 연속적으로 존재할 수 있게 되는 것이다.

즉, 생명체란 어떻게 보면 DNA 자체가 가장 중요한 것이다. 하나의 개체는 죽고 나면 그만이지만 DNA는 후손으로 계속 이어질 수밖에 없다. 결국 생명의 연속성이란 입장에서 보면 닭은 DNA를 보존하기 위해 잠시 존재하는 임시 수단 정도밖에 되지 않는다.

우리의 문제는 이제 간단히 해결된다. 닭이 먼저냐 달걀이 먼저냐 이 문제는 사실 질문할 필요도 없는 너무나 간단한 문제로 귀결된다. 답은 달걀이다. 아주 오래전에 지구상에 DNA가 존재했고, 이것들이 복제 과정을 거치다가 닭의 특징을 가지고 있는 염기서열을 조합해 내었으며, 이로 인해 닭이라는 새로운 종의 DNA가 탄생할 수 있었던 것이다. 이 DNA는 복제를 계속하였고, 새로운 생명의 근원이 되었던 이 닭의 DNA 조합은 달걀이라는 것으로 탄생하게 되었던 것이다. 그리고 그 달걀에서 병아리가 나왔고 그 병아리가 성장하여 닭이 되었다. 그리고 그 닭은 자신의 종을 후손에게 영원히 물려주기 위해 다시 달걀을 만들어 종족을 유지하면서 닭이라는 생명체가 연속될 수 있었던 것이다.

문제가 생각보다 너무 간단하지 않았던가? 하지만 여기서 중요한 질문을 하나 더 던져 보고 싶다. 생명체의 주체는 과연 무엇일까? 닭일까? DNA일까? 나라는 인간은 생명체임은 틀림없다. 내가 내 몸이라는 생명체의 주체일까? 내 몸속에 있는 DNA가 주체일까? 내 몸 안에 있는 DNA는 어느 정도 시간이 되면 나의 존재가 필요 없게 된다. 왜냐하면 내 자식이 태어났고 생명을 후손에게 물려주는 나의 역할이 끝났다. 그러기에 어느 정도 시간이 되면 나는 사라지게 되고 말 것이다. 나는 그저 단순한 DNA를 후손에게 물려주기 위해 잠시 이 지구상에 왔다 가는 그러한 존재인지도 모른다. 즉, 나는 나라는 생명체의 주체가 아닌 DNA를 후손에게 전해주는 역할만 한 것이고 내 몸 안에 있는 DNA가 어떻게 보면 진정한 나라는 생명체의 주체일지 모른다.

생명체인 우리는 고귀하기는 하지만 한편으로는 슬픈 것일 수도 있다.

◆ 닭이 먼저일까? 달걀이 먼저일까? ◆

10

태양계 끝까지 가 보자

태양의 엄청난 크기와 질량 때문에 수성, 금성, 지구, 화성, 목성, 토성, 천왕성, 해왕성은 태양을 중심으로 공전을 하며 태양계를 형성했다. 지구에 살고 있는 우리는 태양계의 일원임이 분명하다. 가끔씩 집을 떠나 멀리 여행을 하는 것처럼, 우리는 지구를 떠나 태양계 끝까지 가 볼 수는 없을까?

이 여행의 목적을 달성하기 위해서는 일단 지구를 떠나는 것이 문제이다. 전 세계 70억 명이 넘는 사람들은 모두 지구 표면에 붙어서 살고 있다. 그만큼 지구 또한 엄청난 질량을 가지고 있기 때문에 지구와 우리 사이의 만유인력 또한 상당히 클 수밖에 없다. 지구를 떠나기 위해서는 일단 지구에 의한 만유인력을 벗어나지 않고서는 불가능하다.

예를 들어 내가 아주 센 힘으로 야구공을 지구에서 벗어나게 하기 위해 하늘 높이 던진다고 가정해 보자. 아무리 세게 던지더라도 그 야구공은 몇십 미터 정도 올라갔다가 다시 떨어진다. 지구의 인력 때문이다. 나보다 훨씬 힘이 센 사람이 던져도 마찬가지이다. 이런 지구의 만유인력을 벗어나지 않고서는 태양계의 끝은커녕 지구도 벗어날 수 없다.

지구로부터 벗어날 수 있는 방법은 그럼 무엇일까? 그건 간단하다. 슈퍼맨 같은 사람이 어마어마한 힘으로 야구공을 던져서 하늘 높이 계속 올라가게 하면 된다. 어느 정도의 힘으로 던지면 될까?

이것은 간단히 계산할 수 있다. 지구와 야구공의 만유인력은 지구 중심을 향하는 구심력과 마찬가지다. 이 구심력의 크기 이상으로만 던진다면 야구공은 간단히 지구의 인력을 벗어나 지구 밖으로 날아갈 수 있다. 이 최소한의 속력을 계산하기 위해 지구와 야구공의 만유인력과 구심력을 같다고 놓고 방정식을 만들어 풀면 답이 나온다. 즉 이 답은 지구를 벗어날 수 있는 최소한에 해당하기 때문에 이것보다 조금만 더 세게 던진다면 야구공은 지구를 벗어날 수 있다. 2~3분이면 이 계산 결과를 구할 수 있다. 야구공을 시속 11,200 km 정도의 힘으로 던지면 된다.

우리가 우주선을 타고 지구를 출발한다고 해도 우주선이 이 속력으로 발사되면 우리는 쉽게 지구를 벗어날 수 있다. 야구공이나 우주선이나 그 자체의 질량은 이 속도에 영향을 미치지는 않는다. 이 속력은 1시간에 무려 11,200 km 날아가야 하기 때문에 실로 엄청난 것이다. 하지만 우리 인류는 워낙 능력이 있어서 이러한 우주선을 이미 오래전에 개발했다. 1969년에 인류가 최초로 달에 착륙을 했는데 그때도 이 속력으로 우주선을 발사했던 것이다.

그러나 여기서 중요한 것이 하나 빠졌다. 시속 11,200 km는 단순히 지구를 벗어날 수 있는 속력이다. 단지 지구를 벗어난다고 해서 우리가 태양계 끝에 도달할 수 있을까? 절대 그렇지 않다. 왜냐하면 지구를 벗어나더라도 태양이라는 엄청난 질량에 해당하는 만유인력이 우리 우주선을 끌어당기기 때문이다. 비록 태양에서 지구까지 거리가 1억 5천만 km가 떨어져 있기는 해도 그 만유인력이 워낙 크기 때문에 태양에 끌려갈 수밖에 없다. 그럼 어떻게 해야 할까? 우리가 지구의 만유인력을 벗어나기 위해 시속 11,200 km로 우주선을 발사하듯이 태양의 인력을 벗어나기 위한 속력을 감안해야 한다. 태양으로부터 1억 5천만 km가 떨어진 지점으로부터 태양의 인력을 벗어나기 위해서는 어느 정도의 속력이 필요할까? 이것도 계산해 보면 몇 분 만에 답을 구할 수 있다. 속력은 무려 시속 42,500 km가 된다. 즉 지구의 인력만을 벗어나기 위해서는 시속 11,200 km로 충분했지만, 지구에서 지구의 인력뿐 아니라 태양의 인력까지 벗어나기 위해서는 42,500 km/h로 쏘아 올려야 한다. 이 엄청난 속력이 가능할까? 다른 방법은 없을까? 목성의 인력을 이용하면 된다. 목성은 화성 다음의 위치에서 공전하고 있어서 지구를 기준으로 하면 태양과 반대편에 있다. 그런데 이 목성의 크기와 질량 또한 엄청나다. 목성 쪽을 향해 지구에서 우주선을 발사하면 목성의 중력에 의해 태양의 반대편으로 우주선이 끌려갈 수 있다. 즉 우리는 이 목성의 질량을 이용한다면 굳이 시속 42,500 km라는 속력으로 발사할 필요가 없다. 목성의 질량을 넣어 계산해 보면 시속 15,000 km의 속력으로 목성을 향하는 방향으로 우주선을 발사하면 태양계의 끝까지 갈 수 있다는 것을 알 수 있다.

자, 이제 본격적으로 태양계 끝까지 가는 여행을 시작해 보자. 우리는 멋있게 생긴 우주선에 탑승을 했다. 우주선의 이름을 "한국호"라고 짓자. 그러고 나서 우리나라 전라남도 고흥에 있는 나로 우주센터에서 이 우주선이 시속 15,000 km로 발사된다. 태양과 반대 방향인 태양계 끝을 향하는 쪽으로 방향을 잡고 엄청난 속력으로 수직 발사된 우리의 우주선은 하늘로 치솟기 시작해서 쭉쭉 올라간다. 그리고 얼마 지나지 않아 지구의 중력을 완전히 벗어나게 된다. 지구를 벗어난 우리의 우주선은 비록 엄청난 태양의 인력을 받기는 하지만 목성의 인력의 도움을 받아 태양으로부터 서서히 멀어져 갈 수 있다. 지구를 벗어나면 우주 공간에는 지구에서의 공기와 같은 것이 없기에 저항력도 거의 존재하지 않아 우주선의 속력이 줄어들지는 않는다. 또한 태양계 끝을 향한 방향으로 우주선이 발사되면 지구를 벗어난 우리의 우주선이 관성을 유지할 수 있어 계속해서 그 속력으로 여행을 할 수 있게 된다.

목성의 도움으로 이 우주선은 지구를 떠나 화성을 통과해서 목성 쪽으로 갈 수 있고, 목성과 토성, 천왕성, 해왕성과 충돌하지 않는 방향으로 그리고 우리가 이러한 행성들의 인력으로 인해 끌려가지 않는 경로로 잘 설계된다면 우리의 우주선은 목성을 지나 토성의 고리를 관찰하고, 천왕성과 해왕성을 지나 태양계 끝까지 도달할 수 있다.

만약 태양계 끝을 지나면 어떻게 될까? 태양계란 태양의 인력이 미치는 공간을 말한다. 이 경계를 넘어서면 태양의 인력이 전혀 영향을 미치지 않게 된다. 따라서 태양계 끝까지 가고 나서 태양계를 아주 벗어나서 더 여행할지, 아니면 다시 지구로 돌아올지는 우리의 결정에 달렸다. 하지만 중요한 것은 이 태양계 끝을 벗어나는 순간 태양의 인력을 받지 못하므로 다시 우리의 고향인 지구로 돌아오기는 힘들다. 만약 태양계 밖으로 갔다가 되돌아오려 한다면 그 우주선 자체의 추진력을 만들 수 있는 방법이 마련되어야 한다. 그렇지 않다면 우리는 영원한 우주의 미아로 살아가야만 한다.

태양계 끝까지 가는 것이 상당히 어려울 것이라 생각했지만, 생각을 해보니 그다지 어려운 것도 아니었다. 우리의 인생도 마찬가지이다. 우리의 목표가 무엇인지는 나름대로 다르지만, 끝까지 가기 위해서는 어느 정도의 추진력과 방향을 잘 잡고 중간에 마주치게 되는 것들을 잘 극복하고 이용한다면 나름대로 멋진 인생의 여행을 할 수 있을 것이다. 삶이 엄청난 것 같아도 살아보면 별것도 아니다.

◆ 태양계 끝까지 가 보자 ◆

11

딱딱한 호두껍질

고속도로 휴게소에서 가장 많이 사먹는 간식이 호두과자가 아닐까 싶다. 어릴 때부터 휴게소에 들리면 항상 호두과자를 사 먹었기에, 나는 요즘도 휴게소에 많은 새로운 종류의 간식이 많이 있지만 그냥 고민하지 않고 호두과자를 사먹게 된다.

호두껍질은 정말 딱딱하다. 생밤은 그래도 입으로 깨물어 반쪽을 낼 수 있지만, 호두껍질은 전혀 그럴 수 없다. 너무 단단해서 다른 기구를 사용하지 않으면, 호두를 깰 수가 없다.

호두는 왜 이렇게 딱딱한 껍질을 가지고 있는 것일까? 호두는 분명 호두나무의 열매이다. 그 열매 속에 있는 호두알이 호두과자의 재료이자 우리가 가장 좋아하는 견과류 중의 하나이다. 호두의 후손을 위해서는 그 딱딱한 호두껍질 속에 있는 호두알이 씨앗이며 이것이 발아하여 성장한 후 커다란 호두나무가 된다. 아마 호두껍질이 딱딱한 이유는 후손을 보호하기 위한 차원이라고 할 수 있을 것이다.

그런데 문제는 어떻게 호두껍질 속의 호두알이 그 딱딱한 호두껍질을 깨고 나올 수 있는 것일까? 우리가 맨손으로 아무리 때려도 깨지지 않는 그 딱딱한 껍질을 약하디약한 그 호두알은 어떻게 깨고 발아를 할 수 있는 것일까?

가을에 땅에 떨어진 호두는 땅속에 묻히기 마련이다. 그렇게 흙에 묻힌 채 겨울이 지나간다. 눈이 오고 찬 바람이 불고 기온이 영하로 내려가도 땅속에 있는 딱딱한 호두껍질 속의 호두알은 내년을 기약하며 그렇게 버티고 또 버틴다. 따스한 봄이 오면 이제 호두알은 새로운 생명으로 탄생을 준비해야 한다. 어떻게 그 딱딱한 호두껍질을 깨고 호두알은 새로운 생명으로 태어나 호두나무가 되는 것일까?

딱딱한 호두껍질은 깨지지 않는다. 그저 조금 벌어질 뿐이다. 딱딱한 호두껍질의 가운데가 살짝 스스로 벌어져 그 조그만 틈으로 새로운 생명인 호두나무의 싹이 세상으로 나오게 된다. 그리고 그 발아된 아주 조그만 호두나무 싹은 시간이 지나면서 3~4미터의 커다란 호두나무로 되어 수천 개의 새로운 호두열매를 다시 세상에 내놓게 된다.

딱딱한 호두껍질을 깨기 위해서는 커다란 힘이 필요하다. 외부에서 그 껍질을 깨뜨리기 위해서도 웬만한 작은 힘으로는 깨뜨리기 힘들다. 호두껍질 안의 호두알이 그만한 힘을 발휘할 수는 없다. 호두껍질을 스스로 깨뜨릴 여력이 없다. 그래서 호두알은 다른 방법을 사용한다. 조금만 벌어지는 것이다. 그리고 그 벌어진 틈으로 호두의 새 생명은 탄생할 수 있다.

우리도 인생을 너무 힘들게 살 필요는 없을 것 같다. 내가 원하는 것을 얻기 위해 많은 에너지와 힘을 소모한다고 하더라도 그것을 모두 다 얻기는 힘들다. 삶은 스스로 깨달을 때 쉽게 살아지는 것 같다. 그 깨달음이 바로 그 딱딱한 호두껍질을 벌어지게 하는 것과 같지 않을까 싶다. 조금만 스스로 잘 깨달으면 우리의 인생은 행복하고 즐겁고 재미있지 않을까?

12

관성에 대하여

우주 공간에는 무한대에 가까운 물체들이 있다. 이러한 무수한 물체가 가지고 있는 가장 중요한 성질이 바로 관성(慣性)이다. 관성이란 쉽게 말해 일관된 성질을 말한다. 일관된 성질이란 어떤 물체가 정지하고 있다면 일관되게 계속 정지하려고 하고, 어떤 속력을 가지고 운동을 하고 있다면 그 속력을 일관되게 유지하면서 운동을 계속하려고 하는 성질을 말한다.

하지만 이 관성은 조건이 필요하다. 외부의 어떤 힘도 이 물체에 작용되지 않았을 때 우주 공간의 모든 물체들이 관성을 계속 유지하려고 하는 것이다. 만약 이 조건이 만족되지 않으면 관성이 깨지게 된다. 자연에 존재하는 모든 물체가 관성이라는 성질을 가지고 있기는 하지만 억지로 이 관성을 계속 유지하려는 고집을 부리지는 않는다는 말이다.

물리학에서 가장 중요한 법칙 중의 하나가 이 관성과 깊게 관련되어 있는데 그것이 바로 뉴턴의 운동법칙 중 제 1 법칙인 관성의 법칙이다. 이 법칙은 쉽게 말해 외부에서 어떤 작용이 가해지지 않는다면 물체는 항상 그 운동 상태를 유지한다는 법칙이다. 정말 어떻게 보면 간단해 보이는 이러한 것을 법칙이라고 부를 것인지 의문을 제기할 수도 있지만, 과학의 위대함이 바로 이런 곳에 있다는 것을 깊이 이해해야 한다. 자연은 생각보다 엄청 단순하다. 그러한 단순함이 우주를 지배할 수 있는 것이다. 만약 법칙이 단순하지 않고 너무 복잡하다면 우주는 엄청난 혼란 속에서 어떤 질서를 유지한다는 것 자체가 거의 불가능할지도 모른다.

관성은 또한 외부에서 그 물체의 운동 방향이나 속력에 변화를 주려는 외부 작용에 대해 저항하려는 속성이기도 하다. 즉 자신의 현재 상태를 유지하고 싶어서 외부에서 어떤 충격이 주어지면 그것을 버티어 내려고 하는 성질을 말한다는 것이다. 관성이 클수록 크게 저항하게 되며 외부의 영향이 자신의 상태에 영향을 미치지 않는다는 뜻이다.

과학이란 어떠한 양을 측정할 수 있어야 한다. 측정하여 이를 정량화하지 못한다면 이는 과학이 아닌 소설에 불과할 뿐이다. 우주 공간에 존재하는 무한대에 가까운 그 물체들의 관성을 어떻게 측정할 수 있을까? 이는 의외로 간단하다. 그 물체의 질량을 측정하면 된다. 물체의 질량은 그 물체 자체의 관성을 바로 쉽게 보여주는 물리량이 된다.

우리가 질량을 측정했다고 가정하자. 그렇다면 질량과 관성은 어떤 관계가 있는 것일까? 바로 비례관계이다. 질량이 클수록 관성은 커질 수밖에 없다. 질량이 가벼운 물체에 외부에서 어떤 힘으로 작용하는 것과 질량이 무거운 물체에 외부의 힘을 작용하는 경우를 생각해 보자. 어떤 물체가 외부에서 작용하는 힘에 대항하여 더 커다란 저항력을 나타낼까? 당연히 무거운 물체이다. 질량이 무거울수록 외부의 힘에 저항하는 경향이 크게 나타나 자신의 현재 상태를 잘 변화시키려 하지 않을 것이기에 당연히 질량이 큰 물체일수록 관성이 커질 수밖에 없는 것이다.

여기서 중요한 것은 우주 공간에 존재하는 수많은 물체들이 있지만, 관성을 유지하려는 본래의 성질에도 불구하고 관성이 수시로 깨지면서 정지상태나 등속력으로 움직이는 물체보다는 그렇지 않은 물체들이 훨씬 더 많다는 사실이다. 이것이 바로 자연의 심오한 진리라 할 것이다. 왜 그럴까? 자연은 변화하며 조화를 이루고 싶어 하기 때문이다. 그런 가운데 새로운 것이 탄생할 수 있는 여지를 마련해 주고 있다. 그렇지 않다면 우주 전체는 진화할 수 없기 때문이다. 어떤 미래의 확정된 목표가 있는지는 몰라도 우주는 관성이 있으면서도 그 관성이 항상 깨지는 가운데 새로운 모습으로 나아가려는 성질을 가지고 있는데 이것이 우주의 가장 커다란 비밀이 아닐까 싶다.

우리의 삶도 마찬가지이다. 질량이 많다는 것은 우리의 지식, 편견, 선입견, 독선, 고집, 필요 없는 자존심으로 꽉 차 있다는 뜻이다. 이로 인해 우리는 새로운 더 나은 모습으로의 변화를 이루지 못하고 항상 과거에 얽매인 채, 그리고 자신이 가장 잘나고 똑똑하다는 착각 아래 그 자리만 유지하고 있는 경우가 많다. 이는 새로운 모습으로 창조할 수 있는 기회를 잃게 되고 마는 것이다. 나의 관성을 깨뜨리려는 노력이 바로 새로운 모습으로 진화해 나가려는 우주의 커다란 비밀과 일치하는 것이라고 할 수 있다. 자신을 지키면서도 필요한 때에는 언제든지 그 관성을 스스로 깨뜨릴 줄 아는 사람, 그 사람이 바로 삶의 법칙을 알고 있는 사람이 아닐까 싶다.

13

새로운 것을 볼 수 있음에

드 브로이는 프랑스의 명문 귀족인 공작 집안 출신이었다. 아마 역대 과학자 중 가장 높은 세습 귀족 출신일 것이다. 그에겐 평생 먹고살 걱정을 할 필요가 없을 정도로 자신에게 이미 많은 재산이 있는 상태였다. 하지만 그는 어릴 때부터 과학에만 관심을 갖고 있었다. 자신이 좋아하는 과학을 위해 모든 시간과 에너지를 가지고 몰입을 했고 24살 되는 해, 소르본느 대학 박사학위 논문을 제출하였다. 하지만 그 논문을 심사하던 과정에서 심사위원들이 학위를 줘야 할지에 대해 심각한 고민을 하게 되었다. 자신들도 그 논문을 판단하기가 너무 어려웠기 때문이었다. 당시 소르본느 대학의 물리학 교수들이란 세계 최고의 석학들이었다. 왜 그 논문을 판단할 수가 없었었던 것일까?

그 내용 자체가 당시에는 너무 파격적이었기 때문이었다. 논문 심사 위원들 조차도 예전에 단 한 번도 생각하지 못했던 아이디어였다. 만약 이 논문을 통과시켰는데 잘못된 내용이라면 심사위원들 자신들의 무능함이 알려지는 것이고, 통과시키지 않았을 때 나중에 옳았던 것으로 판명이 된다면 그 또한 그들의 명예가 땅에 떨어지게 될 상황이었기 때문이었다. 심사숙고 끝에 심사위원들끼리는 결국 결론을 내리지 못하고 말았다. 하지만 그들은 이 논문을 어떻게든 결정을 내려줘야 하는 의무를 가지고 있었기에 고민을 거듭한 끝에 당대 최고의 물리학자인 알버트 아인슈타인에게 이 논문을 보내고 자문을 구하게 된다. 아인슈타인은 그 논문을 보자마자 바로 현대물리학의 새로운 이정표가 될 수 있는 논문이라 말하며, 이 논문을 통과시키지 않는다면 너무나 멍청한 짓이라고 통보해 주었다. 심사위원들은 자신들은 판단을 내리지 못했지만, 아인슈타인의 의견이 틀리지 않을 것이라 생각하여 드 브로이에게 이 논문으로 박사학위를 수여한다. 그리고 드 브로이는 자신의 이 박사학위 논문으로 1929년 노벨 물리학상을 수상한다. 그의 나이 37세였다.

이 논문의 내용은 무엇일까? 바로 우리가 알고 있었던 전자는 질량과 전하를 가지고 있는 입자이지만 어떤 경우에는 입자보다는 파동의 성질을 가질 수도 있다는 그전에는 단 한 번도 언급되지 않았던 가설이었다. 이 가설이 옳은지 그렇지 않은지에 대한 판단을 할 수 없기에 심사위원들은 고민했던 것이다. 가설은 실험으로 증명되어야 하지만, 그때까지는 그런 실험이 전무했으며 맞을지 틀릴지도 모를 이 가설에 대해 판단 자체가 불가능했기 때문이었다. 하지만 이 가설은 3년 후 데이비슨과 거머가 전자를 가지고 회절 실험을 해서 옳다는 것을 증명하였고 이들 또한 노벨 물리학상을 수상하게 된다.

만약 심사위원들이 이 논문을 통과시키지 않았다면 어떻게 되었을까? 노벨 물리학상을 수상할 수 있는 논문을 통과시키지 못한 책임으로 스스로라도 자신들의 교수직을 사임했어야 했을 것이다.

우리들은 흔히 어떤 현상들을 그동안 우리가 알고 있는 것에 만족하며 고착해서 생각하는 경향이 강하다. 예를 들어 빛이 파동이냐 입자냐 하는 논쟁 과정에서 뉴턴은 입자라고 주장을 했고, 하위헌스는 파동이라는 주장을 했다. 그들은 많은 논쟁 끝에 한쪽이 옳다는 것을 결정해야 하는 의무감에 사로잡혀 많은 실험을 했다. 결국 빛은 파동이라는 의견 쪽으로 기울기 시작했고 뉴턴 이후 빛은 파동이라는 것이 옳다는 것으로 고정되어 버렸다. 하지만 1905년 아인슈타인은 광전효과 실험을 해석하는 과정에서 200년이 넘은 뉴턴의 입자론을 부활시켜 빛은 입자의 성질을 가질 수도 있다는 결론을 내린다. 그 후로 다시 빛의 파동성과 입자성의 논쟁이 다시 일어났지만, 결국 빛은 경우에 따라 입자성을 띠기도 하고 파동성을 띠기도 하는 두 개의 성질을 모두 가지고 있다고 해서 이를 빛의 이중성이라고 한다.

드 브로이의 천재성은 우리가 당연히 입자라고만 생각한 전자도 파동의 성질을 가지고 있을 것이라는 것에 있었다. 지금 보면 엄청난 것이 아닌 것처럼 보일지는 모르지만, 당대엔 상상하기 힘든 아이디어였다. 소설처럼 보였던 그 아이디어는 우리들에게 새로운 자연의 세계의 문을 열어주게 되었다.

전자도 입자의 성질뿐만 아니라 파동의 성질을 가지고 있다는 이 아이디어는 현대과학의 가장 위대한 업적인 양자역학의 슈뢰딩거의 파동방정식의 기초를 마련해 주었다. 위대함은 단순한 아이디어를 구체화하는 데서 시작되는 것이다. 드 브로이의 위대함이 거기에 있었던 것이다.

드 브로이는 보통 사람들이 생각하는 평범한 관점을 거부했던 것으로 생각된다. 고정적인 관념과 익숙한 관습은 우리들이 볼 수 있는 세계를 가로막는 가장 큰 장애물일지 모른다. 열린 눈으로 세상을 본다면 내가 볼 수 없었던 것을 볼 수 있는 기회가 생길 수 있다.

빛은 파동으로만 알고 있었는데 나중에 보니 입자성도 있었다. 전자는 입자인 줄 알았는데 파동의 성질도 있었다. 우리 주위에 내가 생각하기에 나쁜 사람인 줄만 알고 있었는데 나중에 보니 너무 좋은 사람일 수도 있고, 좋은 사람인 줄 알았는데 그렇지 않은 사람일 수도 있다. 중요한 것은 우리의 관점이나 내가 가지고 있는 고정된 인식이 아니다. 오직 그 사람이 어떤 사람인지 그 사실 자체이다. 그 사람을 정확히 알지도 못하면서 나의 생각으로 판단을 해 버린다면, 전자가 가지고 있는 또 다른 성질인 파동성을 전혀 볼 수 없게 되고 마는 것이다. 내가 먼저이기 때문에 다른 사람의 그 진실함을 볼 수 있는 기회를 잃고 마는 것은 우리 삶의 또 다른 좋은 기회를 놓치는 것인지도 모른다. 드 브로이는 그런 것을 놓치지 않았기에 과학의 역사에서 위대한 업적을 이루어낼 수 있었다. 내 주위에 있는 사람들을 그냥 있는 그대로 볼 수 있기 위해서는 나라는 독선과 선입견 그리고 고정관념을 탈피하고서나 가능하지 않을까 싶다. 그 사람이 정말 보석 같은 사람이었다면 얼마나 더 아쉬울 것인가?

14

소통의 방식

바닷속은 앞이 잘 보이지도 않고 조금만 깊이 들어가면 햇빛도 도달하지 않는다. 따라서 시각을 이용하여 사물을 감지해 내기는 불가능에 가깝다. 인간에게는 시각이라는 감각기관이 있고 이 기관이 가장 중요한 역할을 한다. 눈으로 많은 것을 판단할 수 있으며 심지어 눈으로 마음을 주고받을 수도 있다.

바닷속에 사는 생명체들은 시각이 발달되어 있지 않다. 예를 들어 돌고래 같은 경우는 시각이 아닌 청각이 가장 중요한 감각기관이다. 인간은 청각을 시각보다 덜 사용하지만, 돌고래는 이와 반대다. 오히려 청각이 가장 중요하다. 돌고래는 스스로 초음파를 만들어 외부로 보낸다. 그 초음파는 물체에 부딪혀 돌고래에게 다시 돌아오게 된다. 그 반사되어 돌아온 초음파를 돌고래는 감지하여 주위를 알아낼 수 있게 된다.

이 초음파는 오히려 시각보다 훨씬 유리해서 돌고래는 반사된 초음파를 가지고 그 반사체의 많은 성질을 알아낼 수 있다. 예를 들어 그 반사체의 외부는 물론 내부까지 볼 수 있게 된다. 뿐만 아니라 뼈나 치아, 심지어 그 반사체의 암이나 종양, 심장의 상태도 알 수 있다. 임신부가 태아를 초음파로 검사해서 배 속에 있는 아이를 볼 수 있는 것과 마찬가지이다.

더 놀라운 사실은 돌고래는 자신이 초음파로 본 영상신호를 소리라는 파동의 신호로 전환시킬수 있는 능력도 가지고 있다. 이로 인해 돌고래들끼리는 자신들이 본 영상신호를 소리신호로 서로 소통할 수도 있다. 이럴 경우 돌고래는 물고기 실물 영상을 그대로 다른 돌고래의 뇌에 전달해 줄 수 있기 때문에 별도로 그 반사체를 표현할 단어나 상징조차 필요 없게 된다. 즉 인간처럼 언어 자체가 필요하지 않다는 것이다. 그것 없이도 충분히 의사소통이 가능하기 때문이다.

우리는 흔히 소통이 중요하다고 한다. 맞는 말이다. 하지만 우리는 우리가 사용하는 말로서만 소통하려고 한다. 그로 인해 생각하지 못한 현상이 발생하기도 한다. 내가 한 말이 몇 사람을 거치다 보면 전혀 다른 뜻으로 와전되기도 하고, 말로서만 대화를 나누다 보니 오해가 생기는 경우도 너무나 흔히 생긴다.

소통은 말로만 이루어지는 것이 아니다. 말하는 것뿐만 아니라, 잘 들을 줄도 알아야 한다. 게다가 더욱 중요한 것은 정확하게 인식하는 것이다. 말하고 듣는 것만으로는 부족할 수 있다. 그 사람의 마음과 그 사람의 생각까지 정확하게 알 수 있어야 진정한 소통이 이루어진다.

우리는 돌고래가 아니다. 돌고래처럼 초음파 같은 방법을 사용한다면 정확하게 있는 그대로 소통할 수 있지만, 우리에게는 그런 능력이 주어지지 않았다. 하지만 진정한 대화와 소통을 하려고 하는 마음은 커다란 문제를 일으키지는 않을 것이다. 그러한 마음이 없기에 서로가 오해를 하고 다투게 되고 만다. 진정한 소통이란 있는 그대로 투명하고 자신의 생각과 판단을 배제한 상태에서 그의 진실된 마음을 있는 그대로 보고자 함에서 출발하는 것이 아닐까 싶다.

◆ 돌고래의 소통 ◆

15

속이지 못한다

시라큐스 왕이었던 히에로 2세는 당대 최고의 과학자였던 아르키메데스에게 자신의 왕관이 순금으로 만들어졌는지 아니면 가격이 싼 은과 섞여 있는지 알아보라고 했다. 아르키메데스가 어려움을 겪은 것은 왕관을 부수지 않고 그 왕관의 성분을 알아내야만 하는 것이었다.

아르키메데스의 천재성은 질량과 비례함을 이용해 물질의 밀도를 생각한 것이었다. 금과 은은 분명 다른 원소이므로 같은 부피라면 당연히 밀도가 다를 수밖에 없다. 이로 인해 질량은 다를 것이고 질량에 중력가속도를 곱한 무게 또한 다를 수밖에 없다.

무게가 다른 물체를 물속에 넣으면 다른 크기의 부력을 받는다. 예를 들어 50 kg인 사람과 60 kg인 사람이 목욕탕에 들어갔다고 하자. 이들은 무게가 다르기 때문에 물에 뜨는 정도, 즉 부력이 다를 것이고 이로 인해 욕탕 밖으로 흘러넘치는 물의 양 또한 다를 수밖에 없다. 따라서 물이 가득 담긴 그릇에 무게가 다른 물체를 넣으면 그 물체의 부력으로 인해 밀어내는 물의 양이 차이가 있을 수밖에 없다. 그러므로 순금으로 만든 왕관과 금과 은이 섞여 있는 왕관을 물에 담그면 이들이 그릇 밖으로 밀어내는 물의 양은 당연히 달라질 수밖에 없다.

아르키메데스는 이 원리를 이용했다. 왕의 왕관을 가지고 실험한 결과 왕관은 순금이 아닌 값싼 은이 섞여 있는 가짜 왕관이었다. 어떻게 보면 간단한 것 같지만 당시 이런 생각을 한다는 것은 실로 천재적인 착상이 아니면 불가능했을 것이다. 아르키메데스의 원리는 이렇게 탄생하였다.

왕관을 만들라는 명을 받은 신하는 순금으로 만들어야 한다는 것을 알면서도 은을 섞어 왕관을 만들었다. 당연히 그는 금으로 왕관을 만들수 있는 어느 정도 능력이 있는 사람이었을 것이다. 능력이 있기에 그는 거짓말을 한 것은 아닐까 싶은 생각이 든다. 그는 순금으로 왕관을 만들지 않고 은을 조금 섞어 만든다면 자신에게 커다란 이익이 생길 것을 알았다. 뿐만 아니라 당시 순금이 아닌 은을 섞어 왕관을 만들더라도 왕이 그 사실을 도저히 알아낼 수 없을 것이라 확신을 하였을 것이다. 그 신하는 왕관을 만들기 전에 분명히 어느 정도는 고민을 했음에 틀림없다. 정직하게 왕관을 만들어야 할지, 아니면 은을 섞어 만들어서 커다란 이윤을 볼지를 생각했을 것이다. 아마 그는 은을 섞어 만들어도 왕이 그 사실을 알아내기는 불가능할 테니 결국 순금으로 만들지 않아도 충분할 것 같다는 결론을 내렸을 것이다. 그리고 은을 섞어 왕관을 만들었고, 많은 이익을 취했을 것이다. 그 사실을 아무도 알아낼 수 없을 것이라고 생각했지만, 당대에는 천재 아르키메데스가 있다는 것을 그는 간과했다. 영락없이 돈을 받기는커녕 돈도 못 받고 벌만 받았을 것이 틀림없다.

우리나라에서 가장 범죄가 많은 분야는 어디일까? 바로 사기, 횡령, 배임이다. 이런 범죄는 평범한 사람들이 할 수 있는 분야가 아니다. 바로 능력이 어느 정도는 있는 사람들이 행할 수 있는 범죄 분야이다. 요즘 특히 신문에 자주 나오는 보이스 피싱의 수단을 보면 실로 엄청난 능력의 소유자들에 의해 이루어진다. 나는 정말 이해가 되지 않는 것이 왜 그렇게 능력이 있는 사람들이 그러한 범죄에 얽매여 벗어나지 못하는지 알 수가 없다. 하지만 은을 섞어 왕관을 만든 사람을 보면 어느 정도 이해가 가기는 한다. 시대가 바뀌어도 사람 사는 것은 똑같은 것이다. 하지만 이 사실도 기억해야 한다. 어느 시대나 아르키메데스 같은 사람이 존재한다는 것을. 그 누구도 완전히 무언가를 속일 수는 없다. 언젠간 속인 그 사실이 드러날 날이 분명히 다가온다. 과학은 속인다는 것을 절대 용납하지 않는다. 오로지 진실만을 추구할 뿐이다. 과학뿐만 아니라 우리 사회 전반에 걸쳐서도 속이지 않는 것이 당연한 것으로 인식되는 날이 언제나 올지 모르겠다. 아마도 아직은 멀지 않았나 싶다.

16

비행기는 어떻게 앞으로 가는 것일까?

대학원 시절, 테네시에 있는 오크리지 국립 연구소(Oak Ridge national laboratory)에서 열리는 학회에 참가하기 위해 비행기를 탔다. 이 연구소는 1977년 지미 카터 행정부 당시 미국 행정부의 에너지성(Department of energy)에 의해 세워졌으나, 사실 전신은 2차 세계대전 당시 원자폭탄을 비밀리에 만든 맨해튼 프로젝트의 업무를 수행한 곳이다. 핵폭탄 설계는 로스앨러모스와 로런스 리버모어 연구소에서 하였고, 오크리지 연구소에서 핵무기 제조를 맡았으며, 실험은 네바다 주의 사막에서 한 후에 일본 히로시마와 나가사키에 투하하였다.

테네시까지는 샌프란시스코에서 시카고를 경유해야 했다. 샌프란시스코에서 비행기를 탔을 때 내 옆자리에 연세가 좀 있는 할아버지 한 분이 앉으셨다. 나는 학회에서 발표할 자료를 다시 확인하느라 정신이 없었다. 옆에 앉아 계시던 할아버지가 내가 무엇을 하나 궁금했는지 이것저것 묻기 시작하셨다. 내가 미국 물리학회에 가서 논문을 발표하려고 한다는 얘기에 호기심이 발동하셨는지, 물리에 대해 여러 가지 질문을 쏟아냈다.

그러던 중 갑자기 할아버지께서 우리가 지금 비행기를 타고 가고 있는데 비행기가 앞으로 갈 수 있는 원리에 대해 좀 물리학적으로 설명을 해달라는 것이었다. 내 대답은 그냥 간단했다. "The answer is the action-reaction principle." 그리고 나서 한참이나 그 할아버지와 얘기하다 보니 시카고에 도착했고 할아버지는 아쉬웠는지 내 손을 꼭 잡고 나중에 학위 잘 마치라고 격려도 해주셨다.

비행기가 앞으로 가는 원리는 사실 너무나 간단하다. 우리가 수영장에서 수영할 때 물속에서 앞으로 가는 것과 완전히 같다. 수영으로 앞으로 가기 위해서는 손으로 물을 잡아당겨 뒤로 밀어내야 한다. 그러면 물은 그만큼 나를 앞으로 갈 수 있도록 해준다. 내가 앞으로 걸어갈 수 있는 것이나, 자동차가 도로에서 앞으로 주행할 수 있는 것, 그리고 비행기가 공중에서 앞으로 가는 것은 다 같은 원리이다. 바로 뉴턴의 제3 법칙인 작용-반작용 원리 때문이다.

이는 어떤 한 물체가 다른 물체에 힘을 작용하면, 그 다른 물체 또한 첫 번째 물체에게 같은 크기지만 반대 방향으로 반작용을 가한다는 것이 뉴턴의 운동의 법칙에서 세 번째에 해당하는 작용-반작용 법칙이다.

비행기가 앞으로 갈 수 있는 것은 비행기의 로켓이 대기 중에 있는 기체를 미는 작용에 해당하고, 이 작용을 받은 기체는 똑같은 힘의 크기를 가지고 방향은 반대로 비행기에 반작용을 가하게 돼서 비행기가 앞으로 갈 수 있는 것이다.

이러한 것을 흔히 물리학에서는 상호작용이라고 한다. 상호작용은 두 개 이상의 물체가 존재해야 가능하다. 자연은 굉장히 현명해서 원리적으로 두 개의 물체 간의 상호작용에 있어 힘의 크기가 항상 같다. 만약 두 힘의 크기가 같지 않다면 굉장히 비효율적인 현상이 나타날 수밖에 없다. 예를 들어 비행기가 대기를 밀어주는 것에 비해 대기가 비행기를 덜 밀어준다면 비행기는 훨씬 더 많은 연료를 소모할 수밖에 없게 된다.

자연의 상호작용처럼, 우리 사람 사이의 관계도 이 작용-반작용의 원리가 가장 이상적일지 모른다. 내가 누군가를 좋아하는 것만큼, 그 사람이 나를 좋아한다면 그보다 더 좋은 것은 없기 때문이다. 나는 그 사람을 많이 좋아하는 데 비해 그 사람이 나를 덜 좋아한다거나, 나는 그 사람이 별로인 반면 그 사람은 나를 너무 좋아한다면 이것 또한 문제가 될 수 있다.

방향 또한 마찬가지이다. 나는 A를 좋아하는데 A는 내가 아닌 B를 좋아하고 B는 또 나를 좋아하게 된다면 이 상호작용은 엄청 복잡해질 수밖에 없고 거기에 크기라는 변수까지 더해진다면 제대로 된 사랑은 거의 불가능할지도 모른다. 단순한 것이 가장 좋다. 내가 좋아하는 만큼, 상대도 나를 좋아하고 방향도 정확하게 서로에게만 향한다면 그 무거운 비행기가 공중에서 엄청난 속력으로 날아갈 수 있듯이 우리의 삶도 평안하고 안정되며 빠른 속도로 나아갈 수 있다.

하지만 사람의 삶은 그렇게 간단하지는 않다. 항상 문제가 생기기 마련이다. 그럼에도 불구하고 우리는 노력할 필요가 있다. 작용-반작용이란 상호작용의 법칙을 현명하게 사용할 능력을 키우려 노력한다면 현재의 모습보다 더 나아질 것은 너무나 분명해 보인다.

◆ 비행기는 작용반작용으로 인해 앞으로 나아간다. ◆

17

존재는 새로운 공간을 만들어 낸다

어떤 공간에 양전하 하나가 들어왔다고 가정해 보자. 이 양전하는 그 존재로 인해 주위의 공간에 변화를 일으켰을까? 이 양전하가 주위의 공간을 변화시켰는지 알 수 있는 방법은 없을까?

이 문제를 쉽게 풀어내 보자. 예를 들어 어떤 공간에 음전하와 양전하가 많이 분포되어 있다고 가정하자. 쉽게 생각하기 위해 음전하 10개, 양전하 10개가 어떤 공간에 임의적으로 분포되어 있다고 생각하자. 이러한 공간에 새로운 양전하 하나가 들어온다면 어떤 일이 생길까? 음전하 10개와 양전하 10개만 있던 공간은 새로운 양전하로 인해 분명 어떤 차이가 생기게 된다. 이 차이를 어떻게 알 수 있는가 하면 새로운 양전하로 인해 전에 있던 음전하 10개와 양전하 10개의 반응이 나타난다. 만약 새로운 양전하가 아무런 변화를 만들어 내지 못했다면 전에 있던 다른 전하들은 어떤 반응도 하지 않을 것이기 때문이다.

새로운 양전하가 만든 이러한 공간 변화를 물리학에서는 "전기장"이라 표현한다. 영어로는 "Electric field"라고 하는데 여기서 "field"는 잔디밭 같은 것이라기보다는 공간 그 자체를 말한다. 즉, 전기장이란 어떤 전하의 존재로 인한 공간의 변화를 가리키는 말이다. 전에 없던 전하가 어떤 공간에 새로이 들어와서 그 전하에 의한 공간의 변화를 수학적으로 계산해 보고 싶은 것이 바로 전기장이라는 뜻이다.

이 전하로 인해 생긴 새로운 공간의 변화인 전기장을 어떻게 알 수 있을까? 바로 그 전하가 들어오기 전에 존재했었던 다른 전하가 새로운 전하에 대해 반응하는 것을 보고 계산해 낼 수 있다.

양전하 10개, 음전하 10개가 있던 공간에 양전하 하나가 들어오면 10개의 음전하는 새로 들어온 양전하에 끌려가고, 전에 있었던 10개의 양전하는 새로 들어온 양전하로부터 멀어지는 반응을 보이게 된다. 이것이 바로 새로 들어온 양전하 하나가 만들어 낸 공간의 변화를 이전에 존재했었던 전하들의 반응을 보고 계산하는 것이다.

전하가 만들어 내는 공간의 변화를 전기장이라고 한다면 질량이 있는 물체가 만들어 낸 공간의 변화를 중력장이라고 한다. 이 중력장은 아인슈타인의 상대성이론을 이해하는 데 있어 가장 중요한 핵심 개념이다.

아인슈타인이 생각한 만유인력이란 한 마디로 질량을 가지고 있는 물체가 만들어 낸 공간의 변화에 대한 이론이다. 뉴턴은 만유인력이란 질량을 가지고 있는 물체들끼리의 상호작용이라고만 생각했다. 하지만 아인슈타인은 여기에 머물지 않고 만유인력을 질량을 가지고 있는 물체와 공간의 상호작용이라 주장했다. 즉 물체의 존재는 공간의 변화를 일으키고 그 공간의 변화를 수학적으로 계산할 수 있다는 것이다. 질량을 가지고 있는 물체가 어떻게 공간에 변화를 만들어 낼까? 가장 대표적인 예가 바로 블랙홀이다. 블랙홀이란 질량이 너무 커서 중력적으로 붕괴된 별을 말한다. 이 별은 공간을 너무 크게 변화를 시켜서 블랙홀 주위의 공간은 완전히 휘어져 버린다. 따라서 이 휘어진 공간을 빛마저 빠져나올 수가 없어 그 곳을 전혀 볼 수가 없기 때문에 블랙홀이라 이름 붙인 것이다.

이렇듯 질량을 가지고 있는 물체건, 전하를 가지고 있는 물체건 어떤 물체의 존재는 공간의 변화를 만들어 낸다. 존재는 공간을 창조한다는 뜻이다.

우리 사람들도 마찬가지이다. 우리의 존재는 우리 주위의 공간 변화를 만들어 낸다. 아빠가 출근하고 아내와 아이들만 있던 집안의 공간에 아빠가 퇴근해서 문을 열고 들어왔다고 생각해 보자. 아빠가 없던 공간에 아빠가 새로이 들어왔으니 공간의 변화가 생겼다. 아빠가 만들어 내는 공간의 변화를 어떻게 알 수 있을까? 퇴근해서 현관문을 열고 아빠가 집으로 들어왔을 때 집안에 있던 아내와 아이들의 반응을 보면 알 수 있다. 아빠가 아이들에게 평소에 잘해 주었다면 아이들은 아빠가 들어오는 것을 보고 현관으로 막 달려가 아빠 품에 달려들 것이다. 하지만 아이들이 아빠를 좋아하지 않는다면 아빠가 문을 열고 집에 오더라도 아이들은 아빠를 반기지 않을 것이다. 이것이 바로 아빠가 만든 공간의 변화이다.

친구들끼리 저녁 약속을 했다고 생각해 보자. 4명이 모이기로 했는데 3명은 이미 와 있었다. 나머지 한 명이 왔을 때 그 한 명이 만드는 공간의 변화는 이미 와 있던 3명의 친구의 반응을 보면 알 수 있다. 네 번째 친구가 덕이 있는 사람이라면 3명은 웃으며 반겨줄 것이지만, 그렇지 않다면 별로 반기지 않을 것이다.

이렇듯 모든 존재는 공간의 변화를 만들어 낸다. 내가 만드는 공간의 변화는 어떤 모습일까? 공간의 변화는 사실 내 존재의 가치를 반증해 준다. 내가 만드는 공간의 변화가 긍정적이고 좀 더 아름다운 것이기를 바랄 뿐이다.

◆ 블랙홀과 휘어진 공간 ◆

18

멀어지는 기차 소리는 희미해져 가지만

플랫폼에서 기차를 기다리고 있다. 이번에 들어오는 기차는 우리 역에 정차를 하지 않고 지나가는 것이라는 방송이 나온다. 기차가 나에게 다가오면서 기차 소리는 커지기 시작하고, 정차하지 않고 나를 지나 역에서 멀어져 가면 기차 소리는 작아지기 시작한다.

소리가 커진다는 것은 소리라는 파동의 진동수가 증가한다는 것이다. 기차가 나에게 다가올수록 기차 소리의 진동수는 증가하게 되어 크게 들리게 되고, 기차가 나를 지나쳐 멀어져 가면 진동수는 작아져 소리는 작게 들리게 된다.

이렇듯 소리의 원인이 되는 음원과 듣는 사람과의 상대적 운동, 그리고 소리의 크고 작음의 관계를 오스트리아의 도플러가 처음으로 알아 내었기에 이를 "도플러 효과"라고 한다.

이 도플러 효과는 우주가 정적인 것이 아닌 동적인 우주라는 것을 알아내는 데 있어 가장 중요한 역할을 하였다. 에드윈 허블은 캘리포니아 윌슨산 천문대에서 당시 세계에서 지름이 가장 큰 망원경으로 외부 은하를 관찰하고 있었다. 이 외부 은하에서 나오는 빛의 파장을 분석해 보니 멀리 있는 은하일수록 파장이 긴 적색쪽으로 치우치는 현상을 알아낼 수 있었다. 이를 흔히 "적색편이"라고 하는데, 이를 도플러 효과를 적용하면, 우리에게 멀리 있는 은하일수록 더 빠르게 우리로부터 멀어져 가는 것을 확인할 수 있었다. 이것이 바로 천문학 역사에서 가장 중요한 발견이라고 하는 "허블의 법칙"이다. 이는 우주가 항상 그 자리에 고정되어 있는 것이 아니라 시간에 따라 팽창하고 있다는 동적우주론의 가장 중요한 근거가 되어 수천년을 이어져 내려온 우리의 우주론에 대한 패러다임을 바꾸어 버렸다.

아인슈타인이 1915년 일반상대성이론을 발표했을 때 자신의 "장방정식(Field Equation)"에 의하면 우주는 정지하고 있는 것이 아닌 움직이고 있는 사실을 알게 되었는데, 아인슈타인 스스로도 우주가 움직이고 있다는 사실을 믿을 수가 없었다. 이에 자신이 유도해 낸 장방정식을 스스로 우주상수항을 보정하여 우주는 움직이는 것이 아닌 고정되어 있는 것이라고 수정한다.

상대성이론 발표 후 10여년이 지나 허블의 법칙을 듣게 된 아인슈타인은 직접 기차를 타고 허블이 있는 윌슨산 천문대에 방문하여 허블과 함께 그 사실을 확인하고는 기자 회견을 하여 우주상수항을 첨가한 것은 자신 일생에서 가장 큰 실수였다고 인정을 한다. 그리고 나서 자신의 장방정식에서 다시 우주상수항을 제거하고 새로운 장방정식으로 우주는 동적이라고 수정하게 된다. 도플러 효과가 간단한 것 같지만, 이렇듯 인류가 우주의 구조를 이해하는 데 있어서 가장 중요한 원리가 되었다.

도플러 효과의 핵심은 음원의 이동과 이것이 나에게 미치는 영향이다. 기차가 나에게 가까이 다가오면 그만큼 나에게 소리가 커지고 멀어져 가면 서서히 작아져 간다는 것이다.

우리는 살아가면서 나에게 중요하게 다가오는 사람들이 있다. 그 사람이 나에게 가까이 다가오면 나는 그로 인해 나의 삶이 영향을 많이 받게 된다. 만약 그 사람과 내가 서로 좋아하는 관계였다면 기차 소리의 진동수가 커지듯이 나와 그 사람의 서로 간의 심장 박동은 빨라져 설렘이 커지게 된다. 하지만 나한테 다가왔지만 나를 지나가 버리고 나면 나의 심장박동수는 줄어들어 그렇게 좋았던 설렘도 서서히 줄어들게 된다. 아쉬움이 남을지는 몰라도 어쩔 수 없는 현상이다. 그렇게 시간이 지나면 그 기억마저 희미해져 간다.

하지만 중요한 것은 나로부터 멀어져 가서 지금은 기억에 희미하지만, 그 사람도 나에게 다가올 때는 내 마음의 설렘을 주었던 사람이었다는 사실이다. 그 설렘을 고이 간직할수록 우리의 인생은 아름다운 것인지도 모른다. 시간이 많이 지나 만나본 지 오래 되어 기억엔 희미하지만 나에게 아름다운 추억으로 남아 있는 사람이 있다면 그는 그 예전에 나에게 가슴 뛰는 설렘을 주었던 사람이었음은 틀림이 없다. 비록 지금은 멀리 떨어져 소식도 알 수 없을지 모르나 그도 나에겐 소중한 친구였던 것이다. 멀어져 가는 기차 소리가 희미해지듯 우리의 우정이나 사랑도 그렇게 희미해져 가고 있지만, 그 추억은 아직도 우리 마음에 남아 있다.

19

사하라 사막 개미의 극한 생활

아프리카 사하라 사막은 지구상에서 가장 온도가 높은 지역 중의 하나로 생명체가 살아가기에 결코 쉽지 않은 지역이다. “사하라”라는 말은 아랍어로 불모지를 뜻한다. 이곳은 낮에는 보통 섭씨 40~50도 정도이고 최고 58도까지 올라간 기록이 있다.

하지만 사하라 사막 개미(Sahara Desert ant, 학명: *Cataglyphis bicolor*)는 하루종일 섭씨 50도 정도가 되는 그늘이 하나도 없는 사하라 사막의 환경에서도 살아갈 수 있다. 이들은 상대적으로 긴 다리로부터 자신을 뜨거운 사막 모래의 열로부터 보호한다. 이 개미의 다리는 6개인데 먹이를 찾으러 사막 모래를 다닐 때는 보통 4개만 사용하고 2개는 사용하지 않아 모래로부터 오는 열전달을 스스로 최소화시킨다. 이들은 자신의 먹이를 찾기 위해서는 사막 모래 위를 지그재그로 이동하지만 먹이를 찾고 나서는 사막의 열기를 빨리 벗어나기 위해 집까지 먹이를 입에 물고 일직선으로 엄청난 속도로 내달린다. 연구에 의하면 이때 사하라 개미의 속도는 초당 1미터 정도인데 개미의 크기를 가지고 인간과 비교해 보면 이 속도는 사람이 맨몸으로 시속 193 km로 달리는 것과 같다고 한다. 자동차를 타고 달리는 것이 아닌 그냥 달리기로 말이다. 이는 육상선수들이 맨몸으로 100미터 달리기를 10초 정도에 뛰는 것을 시속으로 계산해 보면 36 km가 되므로 세계에서 가장 빠른 육상선수의 속도보다 무려 5.4배가 빠른 것이다. 이때는 다리 6개를 모두 사용한다고 전해진다. 이 개미는 자신의 몸에 아주 작은 은빛 털들이 있는데 이것이 태양의 빛을 반사해 그 열을 줄이기도 한다.

사하라 사막 개미가 고온의 극한 상황에서 잘 버틸 수 있는 생명체라면, 온도가 아주 낮은 저온의 온도에서 버티는 생명체도 있다. 주홍머리 대장(red flat bark beetles, 학명: *Cucujus coccinatus*)은 우리나라의 하늘소와 비슷하게 생긴 곤충인데, 이들은 지구 북반구의 가장 기온이 낮은 영하 50도가 넘는 곳에서도 살아간다. 연구에 의하면 이 곤충의 성충은 영하 58도, 유충은 영하 100도 정도에서도 견딜 수 있다고 한다. 이것이 가능한 이유는 이 곤충은 자신의 체내에 얼지 않는 단백질, 즉 부동성 단백질과 당분이 들어 있는 알코올을 축적해서, 스스로 탈수 상태가 되도록 하여 자신들의 몸이 동결되지 않도록 한다는 것이다.

우리 손톱의 10분의 1 정도밖에 되지 않는 개미도 사하라 사막이라는 극한 지역에서 나름대로 여러 가지 방법을 동원하여 버티어 낸다. 주홍머리 대장도 마찬가지다. 지구상에 이들 말고도 극한 상황에서 살아나가는 생명체는 얼마든지 더 존재한다. 어떻게 보면 극한 상황이라는 단어가 별 의미가 없는 것인지도 모른다. 생명이 그보다 더 소중하기 때문이다.

우리에게 닥치는 많은 일도 이러한 극한 상황에 비교해 보면 그리 힘든 것은 아닐 것이다. 나름대로 생존해 나가려는 의지를 가지고 스스로 수단과 방법을 찾아내고 어떤 것도 극복해 내겠다는 마음만 가지고 있다면 사실 힘들고 어려운 상황, 아니 극한 상황일지라도 다 이겨낼 수가 있을 것이다. 힘들다고, 어렵다고, 안 될 것이라고 절망하고 원망하는 그 시간에 무언가라도 하려는 생각과 마음을 가진다면 아무리 커다란 어려움일지라도 충분히 극복해 내고도 남을 것이다.

20

니모의 성전환

영화 "니모를 찾아서"의 니모는 "Clown fish" 또는 "Anemone fish"라고 한다. "Anemone"에서 편의상 "nemo"를 따와서 영화 제목을 만든 것이다. 미국의 니모와 우리나라에 서식하는 어종 가운데 가장 비슷한 것으로 "Amphiprion Ocellaris"가 있다. 우리나라에서는 이 어종을 흔히 "흰둥가리"라고 부른다. 등에 흰 줄무늬가 있어서 이렇게 이름을 붙인 듯하다. 하지만 엄밀하게 말해서 니모와 흰둥가리는 비슷한 어종이기는 하지만 같은 어종은 아니다.

니모는 평생 말미잘과 더불어 공생을 한다. 상리공생(相利共生)이다. 니모는 자신의 포식자를 말미잘에게 유인하여 말미잘의 먹이잡이를 돕고, 자신은 말미잘로부터 찌꺼기를 얻어먹는다.

니모가 가지고 있는 가장 큰 특징은 바로 성전환이다. 니모는 인접성 자웅동체(sequential hermaphrodites)이다. 태어날 때는 수컷으로 태어나지만, 도중에 성을 바꾸어 암컷으로 될 수 있다. 하지만 한번 암컷으로 성전환이 되면 다시는 수컷으로 돌아올 수 없다.

영화 "니모를 찾아서"를 보면 니모가 홀아버지인 말리에 의해 키워지나 이는 일어날 수 없는 경우다. 니모의 세계에서는 엄마인 암컷이 죽으면 그 집단에 있는 가장 큰 수컷이 죽은 엄마를 대신하여 스스로 암컷으로 변해 새끼 니모를 돌본다. 즉, 영화의 니모의 엄마가 죽었으니 아빠가 엄마가 되어 니모를 돌보게 된다는 말이다. 만약 수컷인 아빠가 죽었으면 엄마는 그대로 있고 다른 수컷이 아빠의 역할을 한다. 영화를 만들 때 어린이가 보는 애니메이션이기에 성전환에 대해 이야기를 하면 아이들이 받아들이기 힘들 수 있기 때문에 홀아버지에 의해 니모가 키워지는 것으로 대본을 만든 것이다.

니모의 경우는 이렇듯 성전환이 너무나 자연스럽고 당연하다. 생명과학에서 가장 중요한 것은 이러한 다양성이라 할 수 있다. 지구상에 수많은 생명체의 일생은 실로 상상을 초월한다.

우리 인간은 스스로 성전환을 할 수는 없다. 최근에 와서야 인위적으로 의학의 도움을 받아 성전환이 이루어지고 있다. 우리나라 대법원 판례에 이러한 성전환과 관련된 사건이 있었다.

1996년 어떤 남성이 한 여성을 강간하는 사건이 발생했다. 하지만 조사 과정에서 그 여성은 남성에서 여성으로 성전환을 한 것이 발견되었다. 당시의 형법 제297조는 다음과 같았다.

> "형법 제297조(강간): 폭행 또는 협박으로 부녀를 강간한 자는 3년 이상의 유기징역에 처한다."

당시 강간죄의 성립 요건은 "부녀"를 강간한 경우에 해당한다. 여자가 남자를 강간한 경우나 남자가 남자를 강간한 경우에는 강간죄가 성립되지 않았다. 남자는 강간죄의 피해 대상 자체가 아니었던 것이다. 힘없는 남자는 그 어떤 법의 보호도 받을 수 없었다.

이 사건에서의 문제는 성전환 수술을 한 사람을 남자로 보아야 하는지 여자로 보아야 하는지가 쟁점의 대상이었다. 당시는 1996년으로 지금으로부터 25년 전이다. 판결은 어떻게 나왔을까? 당시 재판부는 남자와 여자의 기준을 생물학적인 염색체로 판단하여 성전환 수술을 한 사람은 성염색체가 XY이므로 여자가 아닌 남자이기 때문에 강간죄의 피해 대상이 아니라는 이유로 피의자를 무죄 판결했다.

이 판결의 후폭풍은 어땠을까? 당연히 전국의 모든 여성 단체들이 들고 일어났다. 당시 형법 그 자체에 문제가 있고, 판결도 잘못된 것이라고 해서 여성 단체들의 저항이 그야말로 엄청났다.

그러던 중 비슷한 사건이 또 발생했다. 하지만 그 판결은 완전히 달랐다. 대법원 2006년 6월 22일에 선고된 "대판2004스42, 전원합의체판결"이 바로 이 경우였다. 이 판례를 보면 우리나라에서 남성과 여성에 대한 기준을 다음과 같이 보고 있다.

"종래에는 사람의 성을 성염색체와 이에 따른 생식기, 성기 등 생물학적인 요소에 따라 결정하여 왔으나, 근래에 와서는 생물학적 요소뿐 아니라 개인이 스스로 인식하는 남성 또는 여성으로의 귀속감 및 개인이 남성 또는 여성으로 적합하다고 사회적으로 승인된 행동, 태도, 성격적 특징 등의 성역할을 수행하는 측면, 즉 정신적, 사회적 요소들 역시 사람의 성을 결정하는 요소 중의 하나로 인정받게 되었으므로, 성의 결정에 있어 생물학적 요소와 정신적, 사회적 요소를 종합적으로 고려하여야 한다."

즉, 이 판례의 핵심은 남성, 여성의 기준은 성염색체가 중요하기는 하나 그것이 전부가 아니고 사회적 성이 더 중요하게 판단될 때는 성염색체와 상관없이 남성, 여성을 판단해야 하는 것이다.

하지만 나는 이 판례에 대해 전적으로 동의하지는 않는다. 왜냐하면 사회적 성이라는 것의 기준이 애매모호하다는 것이다. 남성인지 여성인지를 정확하게 판단할 수 있는 사회적 성의 기준이 무엇일까? 우리나라 어떤 법에도 사회적 성에 대한 기준이 나와 있는 것은 일절 존재하지 않는다. 그럼 당시 대법원 전원합의체는 사건 당사자가 사회적으로 남성인지 여성인지를 어떻게 판단했던 것일까? 그것은 당시 전원합의체에 참가한 대법관의 다수결에 의한 결정이었다.

당시의 다수결 판단이 사건 당사자를 사회적인 여성으로 보았다. 하지만 여기에 의문을 제기하고 싶은 것은 만약에 같은 사건이 다시 발생했고, 시간이 지났기에 대법관의 상당수가 바뀌었다면, 새로운 대법관들이 다수결로 판단을 할 때 예전의 다수결의 결과와 똑같이 나올 수 있을까? 물론 그럴 수도 있고 그렇지 않을 수도 있다. 대법관의 상당수가 보수적이라면 다른 다수결의 결과도 가능할 수 있는 것이다. 어쨌든 이 문제는 그렇게 마무리되어 강간범은 유죄를 선고받았다.

하지만 그때까지도 형법 제297조는 바뀌지 않았다. 사회가 변하고 여론이 심화되자 결국 국회에서 이 형법 조항을 2012년 개정했다. 현재의 형법은 아래와 같다.

> "형법 제297조(강간): 폭행 또는 협박으로 사람을 강간한 자는 3년 이상의 유기징역에 처한다. <개정 2012.12.18.>"

여기서 "부녀"가 "사람"으로 대체되었다. 이제 강간죄의 대상은 여성만이 아닌 모든 사람이 된 것이다. 하지만 아직까지도 사회적 성의 기준은 마련되어 있지도 않고 이를 마련하는 것도 결코 쉬운 일이 아닐 것이다.

여기서 한 가지 더 얘기하고 싶은 것은 사회적 기준은 그렇다 하더라도 인간의 염색체에 대한 것도 고민을 해야 할 필요가 있다. 흔히 여성은 성염색체가 XX, 남성의 경우는 XY이고 이를 기준으로 이제까지 생물학적 성을 결정하여 왔다. 하지만 어떤 한 사람의 성염색체가 XX이거나 XY가 아닐 경우에는 어떻게 판단하여야 할까?

사람에게는 성염색체가 XX나 XY만 존재하는 것이 아니다. 다른 성염색체도 있다. 인간이 태어날 때 성의 결정은 부와 모로부터 물려받는다. 엄마의 XX가 X와 X로 분리되고 아빠의 XY가 X와 Y로 분리되어 이것이 결합하여 XX나 XY로 된다. 하지만 이 과정에서 XXY와 X로 되는 경우는 없을까? 당연히 있다. 가능한 것이 아니라 실제로 그런 경우가 있다. 염색체 복제 과정에서 성염색체의 돌연변이가 나타나는 것이다. 그리고 이러한 성염색체를 가지고 태어나는 아기들도 실제로 존재한다. 물론 극소수의 경우에 해당하기는 한다.

XXY의 성염색체를 가지고 태어나는 아기를 흔히 "크라인펠터 증후군"이라 한다. 이 경우에는 외관상은 남자이나 여성처럼 가슴이 크게 발달하게 되고 불임이 된다. 성염색체를 X만 가지고 태어나는 아기들도 있다. 이는 "터너 증후군"이라 하는데, 외관상으로는 여성이지만, 키가 상당히 작고 역시 불임이 된다. 이런 경우 이들은 생물학적으로 여성인 것인가, 남성인 것인가? 사회적 성의 기준도 애매모호한 마당에 이러한 생물학적 염색체 돌연변이일 경우에는 남성과 여성의 기준을 어떻게 마련해야 하는 것일까? 그때도 대법관의 다수결로 결정할 것인가?

현재 우리나라 법원조직법 제4조는 다음과 같다.

"법원조직법 제4조(대법관) ① 대법원에 대법관을 둔다.
② 대법관의 수는 대법원장을 포함하여 14명으로 한다."

이 법에 의해 우리나라 대법관의 수는 14명인데 다수결 결과 만약 7:7이 나온다면 어떻게 할 것인가? 다시 투표로 결정해야 하는 것일까?

법은 어떻게 보면 기준이다. 우리는 그 기준에 대해 보다 더 깊게 생각해야 할 필요가 있다. 또한, 우리는 우리가 만든 어떤 기준이나 규범에 대해 열린 마음을 가질 필요가 있다. 우리가 만든 그 기준에 우리가 얽매여서는 안 된다. 그건 언제라도 바뀔 수 있다. 자기 자신 또한 마찬가지이다. 현재 내가 옳다고 생각하고 있는 것이 나중에 바뀔 수도 있다. 그 열린 가능성을 마음에 두고 있지 않은 한 시간이 가고 세월이 흘러도 항상 그 자리에 머물 수밖에 없다. 남성, 여성의 기준도 바뀌는 마당에 현재 내가 생각하고 있는 것이 절대적으로 변하지 않고 옳다고 주장하는 것은 지극히 유아기적 사고라 할 수 있다.

어떻게 보면 니모의 세계가 더 나은 것일지도 모른다. 그저 때가 되면 니모 한 마리가 저절로 성전환을 할 수 있으니 우리 인간들 세계처럼 남성이냐 여성이냐 판결도 해야 하는 그런 복잡한 것이 필요 없으니 얼마나 편하고 좋을까?

21

알바트로스의 비상

알바트로스(Albatross)는 지구상에 현존하는 조류 중에 가장 큰 새이다. 날개를 펴면 그 길이가 3~4미터에 이르고 되고 몸통의 길이도 80~100 cm 정도 된다. 날개가 너무 커서 그 무게로 인해 육지에서 걸을 때는 균형을 잘 잡지 못해 뒤뚱뒤뚱 바보처럼 걷기에 바보새라고 불리기도 한다. 알바트로스는 우리에게 신천옹(信天翁)으로 더 많이 알려져 있다. 하늘을 믿고 나는 새라는 뜻으로 공기의 흐름을 믿고 비행을 하는 것이기 때문에 이런 이름이 지어졌는지도 모른다.

알바트로스는 한번 짝짓기를 하면 평생 그 짝과 함께한다. 보통 알바트로스 부부가 함께하는 기간은 약 50년 정도 되며 수명은 60~70년 정도이다. 덩치가 무척 크기 때문에 다른 새들과는 달리 1년이나 2년에 알을 한 개만 낳으며 부화 기간도 9개월 정도나 된다.

알바트로스의 가장 큰 특징은 새 중에서 가장 효율적인 비행을 하는 새라는 것이다. 알바트로스는 다른 새들처럼 하늘에서 날 때 날갯짓을 거의 하지 않는다. 그럼에도 불구하고 알바트로스는 엄청나게 오랜 시간 동안 상상할 수 없는 장거리를 비행할 수 있다. 하루에 한 번도 육지에 내려앉지 않고 약 800 km 정도를 날아갈 수 있다. 활공 한번 만으로도 수십 km를 날 수 있다. 비행 속도도 공기의 흐름을 잘 탔을 때는 엄청나게 빨라 약 시속 120~130 km 정도 된다.

알바트로스가 오랜 시간 공중에서 비행을 할 수 있는 이유는 무엇일까? 그것은 긴 날개를 이용하여 아주 적은 에너지로 날 수 있기 때문이다. 알바트로스는 대기의 상승기류를 이용한다. 이럴 경우 날갯짓을 전혀 하지 않고서도 그저 공기의 흐름에 자신의 몸을 맡긴 채 자기가 가지고 있는 에너지를 거의 사용하지 않고서 상당히 오랫동안 비행할 수 있는 것이다. 상승기류를 타다가 그 기류의 부양력이 떨어지게 될 때는 비행고도를 과감하게 낮춘다. 낮아진 위치에너지는 다시 운동에너지를 증가시켜 알바트로스의 속력을 높여 주게 되고, 이로 인해 다른 상승기류에 편승할 수 있다.

이런 방법으로 인해 알바트로스는 1년에 무려 12만 km를 날아갈 수가 있고 혼자서 지구 한 바퀴를 2달 만에 돌 수도 있다. 만약 알바트로스가 다른 새들처럼 날갯짓을 한다면 이러한 비행은 거의 불가능하다.

알바트로스는 비행에서 가장 중요한 공기의 흐름을 알고 있고 이를 가장 효율적으로 사용하는 새다. 이로 인해 지구상에서 가장 멀리, 가장 높이 그리고 가장 오랫동안 하늘에서 머무를 수가 있는 것이다.

우리는 살아가면서 그다지 중요하지 않은 일에 너무 많은 에너지를 사용하는 경우가 많다. 그로 인해 정작 가장 중요하고 핵심적인 일을 하는 데 있어서는 자신의 에너지를 사용하지 못한다. 조그만 것은 과감하게 다 버리고 우리 인생에서 나 자신을 하늘 높이, 오래도록, 아주 멀리 보내줄 수 있는 것에 집중해야 한다. 알바트로스가 공기의 흐름에 자신의 커다란 몸뚱이를 맡기듯이 우리도 우리의 삶의 커다란 흐름에 맡기는 것이 현명할 수 있다. 괜히 별것도 아닌 것에 이리저리 마음 쓰고 에너지 쓰다 보면 결국 아무것도 하지 못하는 수도 있는 것이다.

알바트로스의 비상처럼 우리도 우리 삶의 비상의 순간이 언젠가는 다가올 것이다. 그때 온전히 나의 삶을 맡기고 저 하늘 높이 날아올라가야 하지 않을까?

22

양자 도약

원자의 구조를 살펴보면 전자는 핵 주위를 돌고 있다. 전자가 핵 주위를 도는 이유는 무엇일까? 전자기력 때문이다. 핵은 양성자와 중성자로 되어 있다. 중성자는 전하가 없으니 양성자가 가지고 있는 전하로 인해 핵은 양전하를 띤다. 전자는 음전하이기 때문에 핵과 전자는 서로 끌어당긴다. 만약 전자가 정지 상태에 있다면 그냥 핵으로 빨려 들어가 버리고 만다. 만약 이런 일이 일어난다면 지구상에 그 어떤 물질도 현재와 같이 존재할 수 없다. 아이러니하게도 전자와 핵 사이의 전자기력에 의해 끌어당겨지는 힘이 존재함에도 불구하고 전자는 핵 주위를 계속 돌고 있는 것이다. 만약 전자가 양전하를 띠고 있다면 어떻게 될까? 악몽과 같은 일이 발생한다. 만약 그렇게 된다면 이 우주 공간에는 그 어떤 물질도 만들어질 수 없다. 오직 핵과 전자만 그 무한대의 우주 공간에서 떠돌아다닐 뿐이며, 그 이상의 어떤 물질은 존재하지 않게 된다.

하지만 문제가 하나 또 발생할 수 있다. 전자가 계속해서 핵 주위를 공전하고 있다면 운동을 계속하고 있다는 뜻이다. 운동을 계속 하고 있는 경우 그 물체는 운동에너지를 가지고 있다. 고전 물리학에 따르면 운동을 하는 물체는 시간이 지나면서 속도가 줄어들게 되며 이로 인해 운동에너지도 감소하게 된다. 그렇다면 전자도 마찬가지로 점점 운동에너지가 감소하면서 속도가 줄어들 수밖에 없게 된다. 우리가 달리기를 하다 보면 시간이 지남에 따라 우리의 에너지도 점점 줄어들게 되어 나중에 완전히 기진맥진해지는 것과 같은 원리이다. 그렇다면 핵 주위를 돌던 전자의 속도가 줄어들게 될 텐데 이로 인해 전자의 궤도는 어떻게 될까? 당연히 전자의 궤도도 점점 줄어들면서 전자는 나선형을 그리며 핵 주위로 끌려들어 갈 수밖에 없을 것이다. 정말 이런 일이 생길까? 그렇지 않다. 전자는 나선형을 그리며 점점 핵 쪽으로 함몰되지 않는다. 그럼 어떤 일이 일어날까?

전자는 나선형 궤도처럼 연속적인 궤도를 돌지 않는다. 오직 궤도가 띄엄띄엄 떨어진 궤도를 돌고 있을 뿐이다. 우리가 현재 코로나로 인해 거리두기를 하고 있는 것처럼 일정한 거리가 있는 불연속적인 궤도를 돌 뿐이다. 어떻게 이런 일이 가능할까? 바로 빛 때문이다. 전자가 어떤 궤도를 돌고 있다가 에너지가 감소되면 핵에 더 가까운 쪽으로 궤도가 내려간다. 아래 궤도에서 돌다가 빛을 받아 어느 정도 에너지가 증가하면 다시 위의 궤도로 뛰어오른다. 이렇게 낮은 궤도에서 높은 궤도로 전자가 뛰어오르는 것을 "양자 도약(Quantum Jump)"이라고 부른다. 전자는 이렇듯 불연속적인 궤도만을 돌고 있을 뿐이다. 이런 궤도를 양파껍질을 계속 벗기는 것에 착안하여 껍질(shell)이라고 부르기도 한다. 핵에서 가장 가까운 궤도를 s 껍질, 그다음 가까운 것을 p 껍질, 그다음을 d 껍질, 그다음을 f 껍질이라고 부른다. 따라서 전자는 이 s, p, d, f 궤도를 불연속적으로 돌고 있다.

전자가 핵 주위를 돌다가 에너지를 잃으면 낮은 궤도로 내려앉아 계속 돌게 된다. 만약 돌지 않는다면 바로 핵에 끌려갈 수밖에 없게 된다. 힘이 들어도 그 궤도라도 유지하면서 계속 돌다 보면 빛이 그 전자에 와닿는 순간이 온다. 전자는 그 순간 빛이 가지고 있던 에너지를 듬뿍 받아 다시 위에 있는 궤도로 점프하게 된다. 그 위에 있던 궤도에서 돌다가 다시 빛 에너지를 받으면 또다시 그 위에 있는 궤도로 도약한다. 가장 바깥 껍질까지 도약해서 그 궤도를 돌다가 빛 에너지를 받으면 어떻게 될까? 그런 순간이 일어날까? 일어난다. 가장 바깥 궤도를 돌다가 더 많은 빛 에너지를 받는 순간 그 전자는 자신을 구속하고 있던 핵의 전자기력을 벗어나 그 핵에게 영원히 작별을 고하고 이별을 선택한다. 이것이 바로 "자유전자(free electron)"다. 그렇게 그 전자는 완전한 자유를 얻어 마음대로 돌아다닌다.

우리도 살아가고 있는 현재의 상태에서 양자 도약을 할 수는 없을까? 분명히 있다. 어떻게 그것이 가능할까? 그것은 각자의 몫일 뿐이다.

23

날치는 왜 수면 위로 튀어오르는 걸까?

날치는 흔히 말 그대로 영어로는 flying fish이다. 가슴지느러미가 다른 물고기에 비해 상대적으로 엄청나게 크다. 어류라 물 속에서 지내지만, 수시로 물 밖으로 튀어나와 하늘을 나는 듯이 비행하기 때문에 날치라 불린다.

어렸을 때 울릉도에 간 적이 있는데, 배를 타고 울릉도를 한 바퀴 돌 때 날치 떼 수백 마리가 배 주위에서 날아가며 앞으로 가는 것을 직접 눈앞에서 본 적이 있었다. 실로 엄청난 장관이었다. 햇빛에 반사된 날치의 은빛 찬란한 모습은 아직까지도 눈앞에 선하다.

날치는 수면을 전속력으로 헤엄치다가 상체를 일으켜 꼬리로 수면을 타면서 꼬리 지느러미를 1초당 약 50~60회를 움직이는데 이것이 로켓엔진과 같은 역할을 한다. 그리고는 가슴지느러미를 활짝 펴 수면 위로 튀어 오르는데 이때의 속도는 약 시속 50~60 km 정도이다. 수면 위 공중에서 꼬리지느러미를 이용해 방향을 바꾸기도 한다. 꼬리지느러미는 착수 시 비행기의 랜딩기어 같은 역할을 하기도 하며, 보통 수면에 닿을 정도의 비행을 주로 하지만 어떤 경우에는 수면에서 2~3미터 높이로 튀어 오르기도 한다.

날치가 어류임에도 불구하고 물속에서 지내지 않고, 수면 위로 튀어 올라 날아오르는 이유는 무엇일까? 그것은 바로 날치의 포식자인 만새기라는 어류 때문이다. 이 만새기는 날치를 특히 좋아해서 눈에 띄는 순간 바로 잡아먹으려 날치에게 달려든다. 만새기 또한 빠른 물고기 중에 하나라서 날치가 이들로부터 도망치기 위해서는 물에서 헤엄치는 것으로는 부족하다. 왜 그럴까? 물의 저항은 공기보다 훨씬 크다. 물의 밀도가 공기보다 훨씬 크기 때문이다. 따라서 날치는 저항이 큰 물속에서 헤엄을 치다 보면 만새기에게 잡아 먹힐 가능성이 더 크기 때문에 더 빨리 도망가기 위해 저항이 작은 수면 위 공기로 튀어 올라 도망가는 것이다. 이로 인해 날치는 적은 힘으로 더 먼 거리를 가기 위해 공중을 날 수 있도록 가슴지느러미가 다른 어류에 비해 상당히 크게 진화되어 왔다. 만새기가 빠르기는 하지만 날지는 못한다.

날치가 수면 위에 올라오면서 가슴지느러미를 활짝 펼치면 그 크기가 생각보다 엄청나게 커서 흡사 나비 같은 모양처럼 보이기도 한다. 이 커다란 가슴지느러미는 충분한 양력을 날치에게 부여해 마치 비행기가 나는 듯한 모습을 보이는 것이다. 이렇게 수면으로 튀어 오르고 다시 내려가고 다시 튀어 오르면서 날치는 어떻게든 만새기로부터 벗어나려고 노력을 한다. 이런 방식은 만새기보다 2배 정도 빠른 속도로 앞으로 갈 수 있기 때문에 그들로부터 벗어날 수 있을지 모르나 또 다른 장애물이 날치를 기다리고 있다.

그것은 조류 중에서 가장 빠른 군함새이다. 군함새는 만새기가 날치를 쫓고 있다는 것을 하늘에서 보고 알 수 있다. 이 경우 군함새는 날치가 만새기를 피하기 위해 수면 위로 날아오를 것을 예상하여 날치에게 서서히 접근한다. 군함새의 특징은 다른 조류처럼 물고기를 잡기 위해 물속으로 머리를 박으면서 먹이를 잡는 기술이 없다. 따라서 공중에 튀어 올라 수면 밖에 있는 날치가 군함새의 가장 주요한 먹잇감이 된다. 그래서 군함새는 날치가 수면 위로 튀어 오르는 것을 기다렸다가 공중으로 날아오른 날치를 잡아채는 것이다.

울릉도에서 내가 본 날치의 모습은 너무나 아름다운 모습이었다. 물속에서 수면을 박차고 튀어 올라 가슴지느러미로 날아가면 반사된 은빛 햇볕은 정말 감탄하지 않을 수 없을 정도로 아름다웠다. 하지만 지금 생각해 보면 날치는 너무나 불쌍한 물고기였던 것이다.

날치가 수면 위로 날아오르는 것은 목숨을 건 생존의 문제였던 것이다. 수면 아래에서는 만새기가 수면 위에서는 군함새가 날치를 잡아먹기 위해 수시로 쫓고 있어 언제 자신의 목숨이 사라질지도 모를 상황이었던 것이다.

우리의 삶도 날치처럼 그렇게 치열한 것은 아닐까? 어떤 생명체이건 만만한 삶은 존재하지 않는 듯하다. 날치는 언제쯤 편안하게 자신의 집에서 쉴 수 있는 것일까? 힘들게 수면 위로 튀어 오르지 않아도 되는 그런 삶을 날치도 꿈꾸고 있을 것이다.

24

문어의 수명이 짧은 이유

문어(giant octopus)는 다리가 8개 있는 연체동물로 다 성장한 것은 다리를 펼치면 길이가 약 3미터에 이를 정도로 상당히 큰 동물이다. 보통 동물의 수명은 그 크기에 어느 정도 비례한다. 문어가 그 크기에 비해서 3~4년 정도밖에 살지 못하는 것은 상당한 예외에 속한다.

문어는 왜 크기가 비슷한 다른 동물에 비해서 상대적으로 수명이 짧은 것일까? 이는 문어의 번식 그리고 후손과 연관되어 있는 것으로 보인다. 문어는 보통 약 15 kg 정도 되었을 때 짝짓기를 하는데 평생 단 한 번 할 뿐이다. 짝짓기가 끝나면 암컷은 수심이 낮은 연안으로 이동해 해저 바닥의 조그만 바위 동굴 같은 곳을 찾아 동굴 안으로 들어간 다음 돌멩이로 동굴의 입구를 막아 버린다. 외부의 적으로부터 자신과 알을 보호하기 위해서이다.

그런 후 암컷은 이 동굴 안에서 약 2만 개에서 10만 개의 알을 며칠에 걸쳐 낳는다. 그리고 알을 낳은 후 계속 바위 동굴 안에서 알이 부화할 때까지 알을 보호한다. 동굴 안에서도 어미 문어는 자신의 다리를 이용해 신선한 물이 알에 흐르게 하여 적당한 산소를 공급해 준다. 알이 부화되기까지는 무려 6개월 정도가 걸리는데 어미 문어는 이 바위 동굴을 떠나지 않은 채 알이 부화될 때까지 그 오랜 세월 동안 아무것도 먹지 않는다. 6개월이 지나 알이 부화되면 입구를 막아 놓았던 돌멩이를 치우고 갓 부화된 새끼들이 동굴 입구에서 나올 수 있도록 도와준다. 부화된 새끼들이 입구를 통해 다 빠져나간 것을 확인한 후 어미 문어는 더 이상 힘이 없어 동굴 안에서 죽음을 기다린다. 얼마 지나지 않아 어미 문어는 그 동굴에서 죽게 된다.

아빠 문어는 어떻게 되었을까? 아빠 문어는 짝짓기를 한 후 힘이 다 소진되어 혼자 외로이 힘들게 근처를 돌아다니다 얼마 지나지 않아 포식자에 대항하지 못한 채 잡아 먹히게 된다.

문어가 크기에 비해 상당히 수명이 짧은 이유는 바로 새끼들을 위한 희생 때문이라 할 수 있다. 너무나 많은 자신의 에너지를 새끼들을 위해 한꺼번에 다 쏟아부었기 때문이다. 문어는 자신들의 새끼가 다 성장한 모습도 보지 못한 채 일찍이 생을 마감하는 것이다.

지구상에 수많은 생명체가 있지만, 대부분의 경우 어미가 새끼를 위해 많은 것을 희생하는 것이 생명체의 종에 상관없이 공통적인 것 같다. 자신이 가지고 있는 것을 다해 새끼들을 위해 희생하는 이유는 무엇 때문일까?

25

양자 터널링과 로또

방안에서 탁구공을 가지고 방문을 향해 던지면 탁구공은 방문에 맞고 반사되어 내가 던진 쪽으로 다시 튕겨 나온다. 이번엔 탁구공이 아니라 내가 밖에 있는 사람에게 들리라고 큰 소리로 말을 하면 방 밖에 있는 사람은 내가 하는 말소리를 알아듣는다. 내 소리가 문밖으로 통과해 나갔기 때문이다. 어떤 차이가 있어 이러한 현상이 발생하는 것일까? 이는 바로 물질과 파동의 차이이다. 물질은 질량을 가지고 있으며 장애물을 만나면 반사되어 튕겨 나오고 통과하지는 못한다. 반면에 소리는 파동성을 가지고 있어 장애물 밖으로 통과되어 나갈 수 있다. 우리 일상생활에서는 이러한 물질과 파동의 차이를 확연히 구별할 수 있다.

하지만 원자 단위의 미시세계로 가면 우리의 상식과 일치하지 않은 현상이 나타난다. 질량을 가지고 있는 물질도 파동처럼 어떠한 장애물을 만나면 그 장애물을 통과할 수가 있다. 즉 반사되는 것도 있지만, 통과되는 것도 있다는 것이다. 가장 대표적인 것이 전자이다. 전자는 어떤 장애물을 만나면 일부는 반사되고, 일부는 통과한다. 전자는 분명히 질량을 가지고 있는 입자이지만 미시세계에서는 물질성뿐만 아니라 파동성도 가지고 있어서 이러한 일이 가능해진다. 이런 현상을 흔히 "양자 터널링현상(Quantum Tunnelling)"이라고 한다.

퀴리 부인이 발견하여 노벨상을 받은 폴로늄은 원자번호 84로 상당히 무거운 원소이다. 원자번호가 84번이므로 당연히 양성자는 84개가 있고 여기에 중성자가 128개가 합쳐지면 폴로늄 212로 존재하게 된다. 흔히 알파입자는 헬륨의 원자핵으로서 양성자 2개와 중성자 2개로 이루어져 있다. 이 폴로늄 212 안에 있는 알파입자는 평상시에는 폴로늄의 핵 결합에너지라는 장벽으로 인해 폴로늄의 핵 안에 갇혀 있다. 이 결합에너지는 약 26 MeV 정도 된다.

폴로늄 핵 안에 있는 알파입자의 운동에너지는 약 9 MeV 정도라서 폴로늄의 핵 결합에너지의 약 1/3 수준이다. 따라서 이 결합에너지는 알파입자의 입장에서는 상당히 커다란 장벽이 되기 때문에 폴로늄 핵 안의 알파입자가 이 장벽 밖으로 나오기는 상당히 어렵다. 하지만 불가능한 것은 아니다. 가끔씩 자신의 에너지보다 3배가 큰 에너지 장벽을 통과해 나올 수가 있다. 왜 그럴까? 그 이유는 알파입자가 전자보다 질량이 훨씬 크기는 하지만 원자라는 미시세계에서는 알파입자 역시 파동의 성질을 가지고 있어 핵 결합에너지를 통과해 나올 수 있는 것이다.

흔히 이 양자 터널링현상은 전자 공학에 있어서 상당히 유용하게 사용된다. 이러한 양자 터널링 원리를 이용하면 전자가 반도체나 초전도체에 존재하는 장벽을 뛰어넘을 수 있도록 제어가 가능해진다.

예를 들어 2개의 전도성 물질 사이에 부도체를 샌드위치처럼 끼워 넣으면 작은 양의 전자가 이 부도체라는 장벽을 통과해 다른 쪽 전도체로 이동할 수가 있는데 현재의 반도체 응용은 이러한 원리를 이용하여 제어하는 것이다.

이러한 양자 터널링현상을 이용하면 물질의 표면을 원자 수준까지 자세히 들여다볼 수 있는 현미경도 만들 수 있다. 이러한 현미경을 주사형 터널 현미경, 즉 STM(Scanning Tunnelling Microscope)이라고 하는데, 1981년 스위스 취리히에 있는 IBM 연구소의 비니히(Gerd Binnig)와 로러(Heinrich Rohrer)가 이를 처음 개발하였다. 그들은 논문을 써서 미국 물리학회의 가장 대표적인 저널인 《피지컬 리뷰 레터(PRL, Physical Review Letters)》에 제출하였으나 거절당하였다. 하지만 그들은 다시 이 똑같은 논문을 《어플라이드 피직스 레터(Applied Physics Letter)》에 제출하여 게재되었는데 이들은 이 연구 업적으로 5년 후인 1986년에 노벨 물리학상을 받게 된다. 이 현미경의 수준은 원자 지름의 1 % 이내가 될 정도로 엄청나게 정확했다.

이러한 양자 터널링현상은 우주에 존재하는 별 내부에서도 일어난다. 별 내부에는 상상을 초월할 정도의 수소가 존재한다. 이 수소의 핵은 양성자로 이루어져 있으며, 알다시피 양성자 간에는 전자기적 반발력이 존재한다. 이로 인해 수소 간에는 이러한 전자기적 반발력에 의해 결합하는 것이 쉽지 않다. 하지만 주위의 온도가 엄청나게 올라가면 상황이 달라진다. 온도가 올라가면서 수소의 원자핵의 운동에너지는 엄청나게 높아지게 된다. 이렇게 높아진 에너지는 전자기적 반발력을 능가하게 된다. 그러면서 수소의 양성자끼리 이러한 운동에너지로 인해 서로 충돌을 할 수 있게 된다. 온도가 낮은 환경에서는 절대로 일어날 수 없는 현상이다. 이렇게 핵과 핵이 충돌을 하게 되면서 강한 핵력이 전자기적 반발력을 누르고 양성자와 양성자는 결합할 수 있게 된다. 이를 "핵융합"이라 한다. 이때 충돌하기 전의 두 원자핵을 합친 질량보다 새로 결합한 원자핵의 질량이 더 작게 되는데 이 질량 차이는 아인슈타인의 에너지 등가 원리에 의해 비록 사소한 차이임에도 불구하고 엄청난 에너지가 발생하게 된다. 이를 "핵융합 에너지"라 한다.

별은 내부의 온도가 엄청나게 높기 때문에 우리들의 일상생활에서 보는 물질의 상태와는 완전히 다른 상태로 존재한다. 보통 물질의 상태는 고체, 액체, 기체로 세 가지 상태가 일반적이지만, 별 내부에서는 물질은 이러한 세 가지 상태가 아닌 다른 상태, 즉 네 번째 상태인 플라즈마 상태로 존재한다. 이는 쉽게 말해 온도가 너무 높아 이온화된 기체 상태라고 말하기도 한다. 별은 소위 이러한 플라즈마 상태로 존재하고 있다. 이런 플라즈마 상태가 이를 가능하게 만드는 것이다. 이 경우에도 비록 낮은 확률임에도 불구하고 양자 터널링현상이 나타나며 다른 에너지 장벽을 뛰어넘어 핵융합이 가능해지는 것이다.

사실 양자 터널링현상은 확률이 극히 작은 미시세계에서 나타나는 현상이다. 그냥 상식적으로 생각하기에는 불가능에 가깝다고 생각되는 일들이다. 하지만 알고 보면 양자 터널링현상은 분명히 존재한다. 불가능하다고 생각되는 것들도 실제로 자연현상에서 존재하는 것이다. 우리 주위의 일상생활에도 그러한 일들이 나타난다. 아주 치료하기에도 불가능한 병이 낫기도 한다. 병원에서는 몇 년밖에 살지 못할 것이라고 말을 하기도 하고, 치료가 거의 힘들다는 의사의 진단에도 불구하고 기적처럼 낫는 경우도 있다. 유명한 물리학자인 스티븐 호킹이 루게릭병에 걸렸을 때 담당 의사는 호킹에게 2~3년 정도밖에 남지 않았다고 말했지만, 호킹은 그 이후로 40년 이상을 살면서 어마어마한 물리학적 업적을 남겼다.

내 친구는 주말마다 로또를 한 장씩 산다. 나는 로또가 얼마인지도 모르지만, 그 친구하고 토요일에 만나 저녁을 먹을 때면 친구는 꼭 로또 파는 집 앞에 들려서 로또를 사고 나서 밥을 먹으러 간다. 그 친구가 그러는데 로또가 될 확률은 800만분의 1 정도 된다고 한다. 내가 생각할 때는 그것보다 더 낮을 것 같다. 하지만 나는 그 친구가 로또를 살 때마다 꼭 이렇게 이야기해 준다. “언젠가는 얻어걸릴 거야.” 나는 로또를 사 본 적이 없다. 그 확률을 믿지 않기 때문이다. 이상한 것은 물리학자가 아닌 내 친구는 양자 터널링 같은 확률이 아주 낮은 것을 믿는 것 같고, 물리학자인 나는 그것을 믿지 않는 것 같기도 하다. 하지만 진정으로 바라는 것은 그 친구가 산 로또가 언젠가는 1등에 당첨되는 날이 오면 좋겠다. 그때가 되면 그 친구가 나한테 크게 한턱내지 않겠는가?

26

쉬리의 꿈

쉬리는 잉어과에 속하는 물고기로 쉬리 속 쉬리 종이다. 학명으로는 *Coreoleuciscus splendidus* 이다. 주목해야 할 것은 학명 맨 앞의 단어이다. 즉 Coreo 라는 접두어가 붙어 있다. 그 이유가 무엇일까? 흔히 Corea는 Korea와 같은 의미다. 철자만 나라에 따라 다를 뿐이다. 즉 쉬리의 학명에는 우리나라인 한국이라는 단어가 맨 앞에 있는 것이다. 왜 그럴까? 쉬리는 우리나라의 가장 대표적인 토종 물고기이다. 다른 나라에서는 발견되지 않는다. 전 세계에서 우리나라가 유일한 서식지이다. 그러기에 학명 맨 앞에 Corea를 아예 붙여서 이름을 지은 것이다.

쉬리는 성체가 되었을 때 길이가 10～15 cm 정도 되며 등 쪽은 검은 빛깔을 나타내고 아래쪽 배는 투명한 느낌의 흰색이다. 몸이 가늘면서 상대적으로 조금 길다. 그런데 정말 특이한 것은 잉어과의 쉬리 속에 속하기는 하지만 종은 오직 쉬리 종 하나밖에 없다. 즉 잉어과 쉬리 속 쉬리 종인데 하나의 속에 오직 종이 하나인 것은 생물의 분류에서 극히 예외에 속한다. 하나의 속에는 적어도 수십 종 많게는 수백 종이 존재하기도 하는데 하나의 속에 하나의 종만 있는 것은 진짜 보기 드문 경우이다. 왜 그럴까? 전 세계에서 한국에만 서식하고 있기 때문이다. 우리나라의 서식 환경이 비슷하기 때문에 진화 과정에서 종의 변이가 없었던 것이다. 즉 오랫동안 하나의 종만이 계속해서 유지되어 올 수 있었던 것이다. 한때 새로운 쉬리 종이 발견되었다는 보고가 있기는 했지만, 아직 학계에서는 인정하고 있지 않다. 하나의 속, 하나의 종, 이것은 하나의 혈통이 계속해서 변이 없이 그 오랜 세월을 유지한 것으로 지구상에서 정말 흔하지 않은 경우에 해당된다. 진화가 전혀 이루어지지 않은 정말 찾기 힘든 경우다. 진화란 섞이고 바뀌고 환경이 복잡해지고 살아가기 힘들고 하는 과정에서 나타나는 현상이다.

쉬리는 사실 화려한 색깔을 가지고 있지도 않고 너무 평범하게 생겨서 사람들의 눈에 잘 띄지도 않는다. 그리고 이 물고기는 굉장히 조용하게 지내는 습성을 가지고 있다. 외부에서 어떤 일이 일어나면 무조건 자신을 돌멩이나 다른 은폐시킬 수 있는 장소로 숨어 버린다. 또한 쉬리는 물이 아주 깨끗한 곳에서만 서식한다. 주로 가장 깨끗한 1급수에서 살아간다. 어떤 자료에 보면 2급수에도 산다고 하지만, 그것은 쉬리의 특성을 모르고 하는 말이다. 물론 쉬리가 2급수 정도에서 살 수는 있다. 하지만 쉬리는 그 정도의 물을 좋아하지 않는다. 자신이 서식하는 곳이 2급수 정도가 되면 당분간 그곳에 머물기는 하지만 그곳을 좋아하지 않아 임시로만 있다가 1급수를 찾아 떠나간다. 물이 1급수로 유지되기 위해서는 고여 있는 것으로는 불가능하고 계속 물이 흘러가는 곳이어야 한다. 따라서 쉬리는 물의 흐름이 빠른 곳에 서식할 뿐이다. 물이 고여 있는 저수지나 웅덩이에서는 절대로 서식하지 않는다. 물이 흐르지 않는 경우에는 절대 깨끗한 물로 존재할 수가 없기 때문이다. 저수지 같이 물이 고여 있는 곳이라면 물의 자체적 화학작용에 의해 수온이 올라갈 수밖에 없다. 쉬리는 수온에 굉장히 민감하기 때문에 자신이 서식하는 곳의 온도가 조금 올라가면 그곳을 바로 떠나고, 만약 그렇지 못하면 금방 죽게 된다.

이러한 이유로 쉬리를 어항에 넣어 집에서 관상용으로 키우는 것은 정말 어렵다. 어항 속의 물을 계속해서 순환시켜 물의 흐름을 만들어 주어야 하고, 수온이 상대적으로 낮게 유지되어야 하는데 보통 정성이 아니고는 이런 상태가 오래도록 유지되는 것은 진짜 쉽지가 않다. 물론 전문적으로 물고기를 키우는 사람의 경우 냉각기를 포함한 모든 기구를 어항에 넣어 관리한다면 가능할 것이다. 1999년에 개봉하여 엄청나게 흥행을 했던 영화 "쉬리"에 보면 주인공이 수족관을 운영하고 있다. 영화 제목이 쉬리이기 때문에 당연히 그 수족관 안에 쉬리가 있었을 것이라 생각할 수 있지만, 그렇지 않다. 그곳엔 쉬리가 없었다. 영화에 나오는 수족관에는 우리나라 토종 물고기 쉬리가 아닌 외국에서 들여온 열대 어종의 하나인 키싱구라미가 있었을 뿐이다. 영화를 촬영하는 동안 쉬리를 구해 오기도 힘들었을 것이고, 쉬리를 구해 왔어도 영화의 조명이 너무 밝아 그로 인해 주위 온도가 너무 높아 아마도 쉬리가 계속해서 죽기 때문에 키우기도 힘들었을 것이다.

쉬리는 우리나라 토종 물고기이기 때문에 전국에 분포하여 서식하고 있기는 하나, 많은 곳에서 발견되지는 않는다. 특정한 곳에 조그만 무리를 지어 살아갈 뿐이다. 물의 흐름이 빠르고 정말 깨끗한 그런 곳에 가야 쉬리를 볼 수 있다.

쉬리는 성격이 굉장히 온순한 물고기이다. 성격이라는 표현이 좀 그렇기는 하지만 어쨌든 다른 물고기들과 절대 다투지 않는다. 그저 조용히 자신의 삶을 살아갈 뿐이다. 다른 물고기를 만나면 피해서 도망가고 그들을 전혀 신경 쓰지 않는다. 신경을 쓰지 않으니 온순할 수밖에 없을 것이다. 스트레스가 생길 이유가 없기 때문이다. 쉬리는 그저 자신의 삶을 깨끗한 환경에서 다른 외부의 영향 없이 조용히 살아가고 싶어 한다. 이것이 바로 평범한 우리나라 토종 물고기인 쉬리의 꿈일지 모른다. 위에서 이야기한 영화의 제목은 왜 "쉬리"였을까? 나로서야 작가나 감독의 의도는 잘 모르지만 아마도 이러한 쉬리의 특징 때문이 아니었을까 싶다.

영화 "쉬리"에는 물고기만 쉬리가 아니다. 다른 쉬리가 여럿 있다. 북한 특수부대원의 작전 명령이 "쉬리"였다. 이 작전을 수행하기 위한 책임 장교가 바로 박무영(배우 최민식)이었는데 그의 꿈은 남북통일이었다. 하지만 평화적인 통일이 불가능하다고 판단하여 무력으로 통일을 이루기 위해 북한 특수부대원들을 데리고 남한으로 온다. 최종목표는 남한의 대통령을 제거하는 것이었다. 이 영화에는 또 다른 쉬리가 존재한다. 작전명만 쉬리가 아니라 북한 특수대원끼리 명령을 주고받을 때 쓰던 아이디가 쉬리 0과 쉬리 1이었다. 이 대원들은 바로 박무영(최민식)과 이명현(김윤진)이었다. 이명현은 남한에 미리 침투해 있었던 북한군 최고 여성 특수대원이자 최고의 명사수인 스나이퍼였다. 박무영은 이명현에게 남한의 대통령을 저격하라는 명령을 하달한다.

아이디가 쉬리 0이었던 박무영의 꿈은 통일을 이루어내는 것이었다. 그의 꿈은 이루어졌을까? 마찬가지로 쉬리 1이라는 아이디를 사용했던 이명현(김윤진)은 영화 마지막에 서로 사랑했던 유중원(한석규)과 총구를 서로에게 겨눈다. 이명현은 남한 대통령을 저격해야 하는 임무였고, 유중원은 남한 대통령을 지켜야 했다. 이명현은 유중원을 향했던 총구를 스스로 돌려 남한 대통령 쪽을 향한다. 그녀가 총구를 스스로 돌린 이유는 무엇이었을까? 그 누구보다 사격에 있어서는 천재였던 그녀였는데 말이다. 아이디 쉬리 1을 사용했던 그녀의 진정한 꿈은 무엇이었을까?

영화가 마무리되고, 맨 마지막 장면에 유중원(한석규)은 이명현(김윤진)이 살았던 제주도로 혼자 내려온다. 그리고 이명현과 같이 지냈던 친구를 만나 이야기한다. 그리고 이때 음악이 나오는 데 바로 Carol Kidd의 “When I dream”이다.

〈 When I dream 〉

I could build the mansion
that is higher than the trees

I could have all the gifts I want
and never ask please

I could fly to Paris
It's at my beck and call

Why do I live my life alone
with nothing at all

But when I dream, I dream of you
Maybe someday you will come true

when I dream, I dream of you
Maybe someday you will come true

I can be the singer
or the clown in any role

I can call up someone
to take me to the moon

I can put my makeup on
and drive the man insane

I can go to bed alone
and never know his name

But when I dream, I dream of you
Maybe someday you will come true

when I dream, I dream of you
Maybe someday you will come true

나무보다 높은 저택을 지을 수 있어요
원하는 선물은 다 가질 수 있고 부탁도 안 할 수 있어요
파리로 날아가서 전화할 수 있어요
왜 난 아무것도 없이 혼자 살지요?
하지만 꿈을 꿀 때, 난 당신을 꿈꿔요
언젠가는 네가 현실이 될지도 몰라요
내가 꿈을 꿀 때, 난 당신을 꿈꿔요
언젠가는 네가 현실이 될지도 몰라요
난 어떤 방에서든 가수나 광대가 될 수 있어요
달에 데려다 줄 사람을 불러올 수 있어요
화장을 하고 남자들을 미치게 할 수 있어요
혼자 자도 그 사람 이름은 몰라요
하지만 꿈을 꿀 때, 난 당신을 꿈꿔요
언젠가는 네가 현실이 될지도 몰라요
내가 꿈을 꿀 때, 난 당신을 꿈꿔요
언젠가는 네가 현실이 될지도 몰라요

이명현은 이 노래를 좋아했다. 그녀는 자기의 꿈이 현실이 되기를 바랬다. 자면서도 그 사람을 꿈꾸며 그 꿈이 현실이 되기를 진정으로 바랬다. 쉬리라는 아이디를 쓴 그녀의 꿈은 무엇이었을까? 유중원(한석규)에 의해 사망한 그녀는 유중원의 아이를 임신하고 있었다.

27

물맛이 다른 이유

지난번 설악산 봉정암에 갔을 때 산에서 흘러 내려오는 물을 마실 수 있었다. 수돗물이 아닌 자연 상태 그대로 내려온 물을 봉정암을 찾는 이들이 편하게 마실 수 있도록 배려를 해 놓았다. 어릴 때 집 뒤에 있는 우암산에 올라갔을 때도 용화사라는 사찰이 있었는데 산에 올라가서 내려올 때마다 거기서 매일 물을 마셨던 기억이 났다. 흔히 약수라고 말하기도 했다. 봉정암에서 내가 마신 그 물은 정말 달고 맛있었다. 편의점에서 사먹는 생수하고는 맛이 너무나 달랐다. 계곡이 가팔라 물의 흐름도 상당히 빨랐고, 그 물을 그대로 떠서 마실 수 있었던 것이었는데 내가 이제까지 먹어본 물맛하고는 차원이 달랐다. 나는 음식 맛에 대해서는 거의 무감각할 정도라서 아무 음식이나 맛도 모르고 그냥 생각 없이 빨리 먹고 나서 해야 할 일을 하는 편이다. 밥을 먹거나 음식을 먹는 데 있어서 거의 시간으로 할애하지 않는다. 밥 먹는데 보통 5분, 많아야 10분이면 다 끝난다. 커피 같은 것도 누군가와 같이 밥을 먹으면 마실지 몰라도 혼자서 먹을 때는 커피도 마시지 않는다. 먹는 것에 대해서는 거의 신경을 쓰지 않는 편이다. 이런 터에 물맛을 느낄 수 있는 능력은 안 된다. 그런데 그날 설악산 봉정암에서 물을 마시는 순간 세상에 어떻게 이렇게 맛있는 물이 있나 싶었다. 물론 산행으로 힘이 들어서 그런 생각이 더 났을 수도 있지만, 그 요인은 거의 작용하지 않았음이 지금 생각해 보면 분명하다. 당연히 그 물 자체가 맛있었다. 어떻게 물맛이 이렇게 다를 수 있을지 집에 돌아 오면서 너무 궁금했다. 그래서 그 이유를 알아보고 싶었다. 아래 내용은 내가 알아낸 것은 아니고 그냥 여기저기 찾아본 것이다. 물맛이 다른 이유를 그나마 어느 정도 이해는 할 수 있었다.

물은 겉으로 보면 다 똑같아 보이지만 자세히 알면 그 차이가 엄청나다고 한다. 물은 물 안에 함유되어 있는 미네랄 성분의 종류와 그 양에 따라 맛이 전혀 달라진다는 뜻이다.

대체적으로 칼슘이 많으면 단맛, 마그네슘이 많으면 쓴맛이 난다고 하는데, 칼슘과 마그네슘이 많이 들어 있어 비누가 잘 풀리지 않는 물을 센물(hard water)이라고 한다. 일반적으로 물의 경도가 75 mg/L 이상인 경우이다. 물의 경도(water hardness, degree of hardness)란 물에 포함되어 있는 칼슘과 마그네슘의 양을 환산하여 나타낸 수치이다. 센물보다 경도가 낮아 비누가 잘 풀리는 것을 단물(soft water)이라고 한다. 빗물이나 수돗물 등이 대표적인 단물이다.

물의 맛을 생각할 때 칼슘과 마그네슘이 많은 물은 물의 경도라는 수치가 높아지는데 이 경우에는 물맛이 산뜻하지 않고 진한 맛이 나며, 경도가 낮으면 담백하나 김빠진 느낌의 맛이 난다고 한다. 가장 맛있는 물은 통계적으로 경도가 약 50 mg/L 정도라고 한다.

너무 궁금해서 우리 주위의 편의점에서 파는 생수의 미네랄 성분을 알아보았다. 아래 표가 그 결과이다.

미네랄	삼다수	백산수	평창수	에비앙
칼슘	2.5~4.0	3.0~5.8	15.1~16.2	54~87
마그네슘	1.7~3.5	2.1~5.4	2.3~2.5	20.3~26.4
나트륨	4.0~7.2	4~12	6.2~6.6	4.4~15.6
칼륨	1.5~3.4	1.4~5.3	0.6~0.7	1.0~1.3

예를 들어 물 안에 들어 있는 칼슘의 경우 물이 센물일 경우에는 물맛을 떨어뜨리지만, 단물일 경우에는 물맛을 좋게 한다고 한다. 칼륨의 양이 많으면 쓴맛이 나지만 적당하면 물맛이 좋아지며, 마그네슘은 쓴맛과 신맛을 내고, 미네랄이 너무 많이 녹아 있으면 물에서 쓴맛이나 짠맛 심지어 떫은맛도 느껴지며, 만약 미네랄이 적으면 아무 맛이 없다고 한다.

수소이온 농도 또한 물맛을 다르게 만든다. 중성인 pH 7보다 낮으면 산성이고 높으면 염기성인데, 가장 좋은 물맛은 pH 7.4로 알려져 있다. 물맛은 외부의 기온과 습도에 의해서도 좌우될 수 있는데, 물의 온도가 기온보다 섭씨 5도 이상 낮으면 우리가 물을 마실 때 물맛이 더 좋게 느껴진다고 한다. 겨울보다 여름에 물을 마실 때 물맛이 좋게 느껴지는 이유가 여기에 있다. 습도가 낮을 때 물맛이 좋게 느껴진다.

물 자체의 온도 또한 중요한데 물이 미지근하면 물맛이 떨어진다. 물맛이 가장 좋은 온도는 섭씨 10~15도 라고 한다. 따뜻한 물을 마시려면 섭씨 70도 정도가 가장 맛이 좋으며, 가장 맛이 없는 물은 섭씨 30~35도 정도의 미지근한 물이다.

편의점에서 여러 가지 생수를 다 사서 시험 삼아 마셔 보았다. 우리나라 생수인 삼다수, 백산수, 평창수 그리고 유럽에서 가장 많이 팔려서 우리나라에까지 수입되고 있는 에비앙, 그 모든 생수를 시험 삼아 다 마셔 보았다. 가격은 에비앙이 우리나라 생수보다 2배 이상 비쌌다. 어느 생수가 맛이 있는지는 여기서 쓸 수는 없을 것 같다. 마시는 사람의 주관에 따라 다를 것이기도 하기 때문이다. 하지만 나에게 네 가지 생수의 맛은 전부 차이가 있었다. 하지만 설악산 봉정암에서 마셔본 물의 맛에는 그 어느 것도 따라오지 못했다.

28

하늘은 왜 파란색일까?

우리가 무언가를 볼 수 있는 것은 빛을 통해서다. 빛이 없다면 우리는 아무것도 볼 수 없다. 아주 깜깜한 밤, 산속에 가면 아무것도 보이지 않는다. 빛이 전혀 없기 때문이다.

빛 중에서도 인간이 볼 수 있는 것을 가시광선이라고 한다. 흔히 "빨, 주, 노, 초, 파, 남, 보"라고 하는 색으로 이루어져 있다.

빛이 어떤 물질에 도달하면 그 물질을 이루고 있는 원자에 의해 빛은 산란된다. 가시광선 중에는 보라색이 가장 잘 산란되고, 빨간색이 가장 산란이 되지 않는다. 산란이란 쉽게 말해 그 경로가 바뀌는 것을 말한다. 보라색이 어떤 원자를 만나면 만나기 전의 경로에 비해 그 경로가 크게 달라질 수 있다는 뜻이다. 빨간색은 통상 보라색에 비해 10분의 1정도 산란된다. 다시 말해서 보라색은 빨간색에 비해 10배 가량 잘 산란된다는 것이다.

하지만 여기서 중요한 것은 보라색은 자외선 바로 옆에 위치하고 있기 때문에 우리에게는 남색이나 파란색이 더 많이 보일 수밖에 없게 된다. 인간은 자외선을 아예 볼 수 없으며 그 자외선 옆의 보라색보다는 파란색을 우리가 더 쉽게 볼 수 있다는 뜻이다. 즉 인간은 산란이 상대적으로 많이 되는 가시광선 중 자외선 바로 옆에 있는 보라색보다는 그 다음에 위치하고 있는 파란색을 가장 많이 볼 수 있다는 것이다.

태양 빛이 태양으로부터 지구로 들어온다. 지구 대기를 뚫고 우리에게 빛이 올 때 대기 내의 수많은 원자를 빛이 통과하면서 산란을 일으키게 되는데 우리 눈에는 가장 많이 산란을 일으키는 보라색보다는 파란색을 가장 많이 볼 수밖에 없게 되어 하늘이 파란색으로 보이는 것이다. 하늘이 파란색으로 보이는 이유는 너무나 간단하지 않은가? 결국 빛의 성질인 산란 때문이다.

그런데 하늘이 항상 똑같은 파란색으로 보이지는 않는다. 때에 따라 약간 다른 파란색이 된다. 그 이유는 무엇일까? 그것은 바로 대기에 존재하는 수증기 때문이다. 습기가 많은 날보다는 습기가 적은 날이 더 진한 파란색을 볼 수 있다. 맑은 가을 하늘과 습한 여름의 하늘의 파란색이 분명 다른 이유가 여기에 있다.

하지만 이제는 도시의 하늘은 예전에 비해 결코 파랗지 않다. 그 이유는 대기에 수많은 먼지와 오염물질로 인해서 그렇다. 파란색이라기보다는 희뿌연 회색에 가깝다. 시간이 갈수록 우리는 파란색의 하늘을 더 잃게 될지도 모른다. 아마 우리의 후손은 하늘이 파란색이라는 것을 이해하지 못할 수도 있다. 그들은 당연히 하늘이 회색으로 보일지 모르기 때문이다. 아름다운 자연은 그렇게 변하고 있다. 이는 우리 모두의 책임이다. 저 아름다운 푸른 하늘을 언젠간 잃어버릴지도 모를 것 같다는 생각이 드는 것은 나만은 아닐 것이다.

◆ 하늘이 파란 이유는? ◆

29

먹구름은 빨리 사라진다

보통 구름은 하얀색이다. 왜 그럴까? 구름이란 다양한 크기의 물방울들이 모인 집합이다. 제각기 다른 크기의 물방울들이 모여 있게 되면 빛이 산란되는 정도가 다양해진다. 가장 작은 물방울은 파란 빛으로, 조금 큰 물방울은 초록빛으로, 아주 큰 물방울은 빨간빛으로 산란시킨다. 이들 각각의 색으로 산란된 빛들이 전부 모이게 되면 흰색이 되어 우리에게 구름이 하얗게 보이는 것이다.

먹구름의 경우에는 보통 구름하고는 다르다. 이 경우에는 커다란 물방울들이 더 많이 모여 있다. 커다란 물방울은 빛의 입사광을 더 많이 흡수하게 되고, 이로 인해 산란된 빛의 세기가 약해진다. 빛이 약해지는 관계로 먹구름은 어둡게 보일 수밖에 없는 것이다. 이렇게 먹구름이 있는 상태에서 더 많은 물방울이 모이게 되면 무게를 견디지 못하고 비가 되어 내리게 된다.

우리는 흔히 살아가면서 어려운 일을 만나게 되면 먹구름이라는 표현을 쓰곤 한다. 어떤 먹구름은 아주 두텁고 어두컴컴해서 우리에게 공포마저 주는 경우도 있다. 하지만 짙고 어두운 먹구름일수록 빨리 사라진다는 사실을 알고 있는 사람은 드물다. 왜 그런 것일까? 짙고 어두운 먹구름일수록 더 커다란 물방울이 많다는 뜻이며 그 무게 자체로 인해 금방 폭우 같은 소나기로 쏟아져 내리게 된다. 많은 양의 빗방울을 쏟아내는 소나기일수록 그 어두컴컴했던 먹구름이 소나기가 끝난 후 완전히 사라지면서 햇빛이 쨍쨍 빛나는 하늘이 나타나게 된다.

날씨는 변화무쌍하다. 이는 공기와 수증기의 수많은 조합으로 이루어져 있기에 예측이 불가능할 때도 있다. 갑자기 돌풍이 불기도 하고, 갑자기 멀쩡하던 하늘에 먹구름이 몰려와 폭우가 쏟아지기도 한다. 공기와 수증기가 움직이지 않고 항상 가만히 있는 그러한 일은 나타나지 않는다. 공기가 움직이지 않는다면 지구상의 그 어떤 생명체도 존재가 불가능해진다. 그렇기에 날씨는 항상 변할 수밖에 없다.

우리의 삶도 마찬가지가 아닐까 싶다. 인생은 흘러간다. 그 과정에 수많은 조합으로 인해 많은 일이 일어난다. 햇빛 빛나는 날도 있지만, 구름이 잔뜩 끼는 날도, 폭우가 쏟아지는 날도, 엄청난 폭설이 내리는 날도 있다. 그렇게 변화무쌍한 것이 인생 자체다. 우리 인생에 있어서 먹구름이 다가온다고 해도 우울해하거나 두려워할 필요가 없다. 영원한 먹구름은 절대 존재하지 않는다. 그것이 자연의 원칙이며 삶의 법칙이다. 짙은 먹구름일수록 금방 지나갈 것이라는 생각을 하면 마음이 편해질 것이다. 시원하게 소낙비를 맞으면 된다. 비 한번 맞는다고 절대 어떻게 되지 않는다. 지난번 친구와 설악산 산행에서 내리 7시간 동안 거센 바람과 비를 맞으며 그 험한 산길을 걸었지만 감기 하나 걸리지 않았다. 먹구름은 그저 지나가면 끝이다. 이제 밝은 햇살을 즐길 준비를 하면 된다. 오늘도 하루 종일 비가 내린다. 내일은 분명히 밝은 햇빛이 빛날 것이다. 내일 밝은 햇살을 맞으며 바람 쐬러 갈 준비나 해야겠다.

◆ 어두컴컴한 먹구름이지만 금방 사라진다. ◆

30

비를 맞아도 죽지 않는 이유

비는 하늘 높은 곳에 있는 구름에서 떨어지기 시작한다. 구름은 지상에서 상당히 높은 위치에 존재하고 있다. 그 위치는 구름에 따라 천차만별이다. 어느 정도 높은 곳에 있는 구름도 있지만 정말 아주 높은 곳에 위치하고 있는 구름도 있다.

높은 곳에 있는 물체가 땅으로 떨어지기 시작하면 정지 상태에서 시작하기는 하지만 점점 갈수록 더 빨라진다. 속도가 빨라지니 가속도가 생기게 된다. 이는 만유인력 때문이다. 지구와 그 물체가 서로 잡아끌어 당기는 힘 때문에 떨어지는 것이다. 지구의 질량이 워낙 크므로 그 물체가 지구 쪽으로 움직이는 것일 뿐이다.

이로 인해 생기는 가속도를 중력가속도라고 한다. 중력과 만유인력은 약간 다르다. 만유인력은 물체와 물체 간의 순수한 힘을 말한다면, 중력은 지구와 지구 위에 있는 물체 사이의 힘에다가 지구 자체의 움직임도 고려한 것이다. 하지만 그 크기의 차이는 우리가 인식할 정도는 아니라서 만유인력과 중력이라는 표현을 별 차이 없이 사용하고는 있다.

이 중력가속도의 크기가 9.8 정도 된다는 것은 누구나 다 알고 있을 것이다. 사실 이 정도의 가속도는 엄청난 것이다. 인간이 5층 정도의 높이에서 떨어진다면 이 경우에도 예외 없이 중력가속도가 생기는데 비록 10여 미터 정도의 높이이기는 하지만 엄청난 중상을 입게 된다. 만약 10층 정도의 높이라면 살아남을 가능성은 거의 없다.

구름에서 떨어지기 시작하는 빗방울도 중력가속도를 받으며 지상으로 떨어진다. 비록 빗방울 자체의 질량이 그리 크지는 않지만, 워낙 높은 곳에서 떨어지니 시간이 지남에 따라 그 속도가 엄청나게 증가하기 시작한다.

물의 힘이 굉장히 크다는 것도 다 알고 있을 것이다. 산속 계곡에서 떨어지는 작은 폭포라 하더라도 그 폭포 밑에 있는 바윗돌은 시간이 지나감에 따라 패이기 시작한다. 이것은 오로지 물의 힘일 뿐이다. 그렇게 단단한 바위마저 폭포에서 계속해서 오랫동안 떨어지는 물로 인해 패이게 될 만큼 물의 힘은 상당히 세다. 홍수가 났을 때의 물을 보면 그 힘에 의해 공포를 느낄 정도다.

하늘 위 구름에서 떨어지는 빗방울도 당연히 속도가 증가하게 된다. 만약 구름의 위치가 어마어마하게 높은 곳에 있는 것이라면 그 위치에서 떨어지는 빗방울의 속도는 어떻게 될까? 계속해서 엄청난 속도로 증가하게 되면서 그 빗방울을 맞는 우리는 크게 다치게 되는 것은 아닐까? 결론부터 말하자면 그런 일은 일어나지 않는다. 이제까지 살면서 비 맞아서 죽었다는 소리를 들어본 적은 없지 않은가? 왜 그런 것일까? 빗방울이 너무 작아서 그런 것일까?

그 비밀은 바로 공기의 저항력 때문이다. 비가 내리는 것은 구름에서부터 시작하여 대기를 통해 내려온다. 진공상태가 아닌 우리가 숨을 쉬고 살아가는 공기를 관통해서 내려오는 것이다. 대기는 유체의 한 종류이다. 쉽게 말해 액체와 기체를 유체라 생각하면 된다. 이러한 유체의 경우 그 유체 자체가 가지고 있는 저항력이 존재한다. 그 저항력은 어떤 물체가 운동하는 방향의 반대 방향으로 작용하며, 그 물체의 속력에 비례해서 커진다. 그런데 중요한 것은 유체 내에서 운동하는 물체의 속도가 빠르다면 이 저항력은 속도에 비례하는 것이 아닌 속도의 제곱에 비례할 정도로 강해진다.

대기를 통해 떨어지는 빗방울이 대표적인 예가 될 수 있다. 하늘 높은 곳에 있는 구름에서 운동하기 시작하는 빗방울은 상당히 높은 위치에서 떨어지기 시작하므로 시간이 지나면서 엄청난 속도로 가속되기 시작한다. 나중에 속도가 너무 증가하다 보면 이 속도의 제곱에 비례하는 대기 자체가 가지고 있는 저항력이 그 빗방울 속도의 증가를 억제한다. 그 억제력은 시간이 지나면서 엄청나게 증가하게 되고 결국 빗방울은 이 저항력에 항복을 선언하게 된다. 빗방울 스스로 자신은 더 이상 빨리 떨어지지 않을 테니 제발 저항하지 말라는 것이다. 어느 정도까지의 속도만 유지할 테니 더 빠르게 떨어지는 것을 걱정하지 말라고 하는 것이다. 이러한 현상을 흔히 "최종속도(final velocity)"라고 한다. 그 이상의 속도는 나오지 않는다는 뜻이다.

빗방울의 최종속도는 간단히 계산할 수 있다. 뉴턴의 운동법칙인 $F = ma$를 조금 변형한 미분방정식을 풀면 된다. 계산에 의하면 보통 크기의 빗방울의 경우 최종속도는 약 9.0 m/s 정도 된다. 10초에 90 m

정도의 빠르기이다. 아무리 높은 곳에 위치하고 있는 구름에서 떨어지는 빗방울이라 하더라도 이 속도는 절대 넘어설 수가 없다. 그리고 우리는 이렇게 최종속도를 유지하고 떨어지는 비를 맞으니 우산 없이 비를 맞더라도 머리에 구멍이 나지 않는 것이다. 아무리 빗방울이 작더라도, 좁쌀 크기보다도 더 작더라도, 만약 그 높은 구름 위에서 떨어지는 빗방울이 공기의 저항력을 받지 않고 계속해서 속력이 증가하여 최종속력이라는 자체가 존재하지 않는다면 인간은 비를 맞고 전부 머리를 크게 다쳐 비 맞는 모든 사람이 그 자리에서 전부 즉사하고 말 것이다.

이렇듯 자연은 우리가 모르는 완충 장치들이 어느 곳에나 존재한다. 우리가 그러한 것을 설계도 하지 않았고 생각지도 않았는데, 자연 그 자체엔 알 수 없는 신기한 일들이 너무나 많다.

살아가다 보면 우리 삶에 있어서도 닥치는 일들이 참으로 많다. 따스하고 햇빛 나는 날만 계속되면 얼마나 좋을까? 하지만 그러한 일들은 일어나지 않는다. 햇빛 나던 날, 갑자기 구름이 몰려오고 비가 쏟아져 내리기도 한다. 시커먼 먹구름이 갑자기 다가와 엄청난 폭우가 우리를 집어삼킬 듯이 퍼붓기도 한다. 하지만 아무리 비가 오더라도 너무 마음 쓸 것은 없다. 비 맞고 죽지 않는다. 우산 없이 그냥 맨몸으로 비를 맞아도 시원할 뿐이다. 그 비를 다 맞아도 결코 죽지 않는다. 시원하게 비 한번 맞고 집에 들어가 수건으로 훌훌 털어내고 말리면 그만이다. 비는 어차피 다 지나가게 되어 있다. 맞아봤자 별것도 아니다. 그것이 자연의 이치이다.

◆ 빗방울을 맞아도 상관 없어! ◆

31

별의 일생을 생각하며

어떤 것이 계속해서 살아가기 위해서는 에너지가 필요하다. 인간이 음식을 전혀 섭취하지 않고 얼마간의 시간이 지나면 인간 내부에 존재하던 모든 에너지는 소모되어 더 이상 살아갈 수 없게 된다. 모든 생명체가 다 그렇다. 에너지가 없다면 더 이상 존재가 불가능해진다. 생명체뿐만 아니라 별과 같은 우주 공간에 있는 물체도 마찬가지이다. 별도 스스로 에너지를 만들어내고 그 에너지로 인해 일생을 보내다가 언젠가는 죽는다. 별이 에너지를 더 이상 만들어내지 못할 경우 별도 우주 공간에서 인간처럼 죽게 된다.

별이 일생을 살아가기 위해 스스로 만들어내는 에너지는 핵융합을 통해 생성된다. 이 핵융합 에너지는 흔히 핵폭탄을 만들어내는 원리인 핵분열보다 훨씬 크다. 별 내부에서는 핵융합 과정에서 엄청난 에너지가 별의 중심으로부터 밖으로 향하는 열적 압력의 형태로 방출된다. 만약 별 내부에 이 압력만 존재한다면 별의 일생은 유지될 수가 없다. 이 압력과 평형을 이루어 주는 별 내부에 존재하는 질량이 있는 입자 간의 만유인력이 별이 계속 살아갈 수 있도록 돕는다. 이 두 힘 간의 평형이 별의 일생에서 가장 중요한 요인이 된다.

우리 태양은 우주 공간에서 가장 표준적인 별의 일종으로서 그 수명은 약 100억 년 정도이다. 태양이 탄생한 지 50억 년 정도 되었으니 딱 반을 산 것이다. 인간의 평균 수명이 존재하듯 별도 수명이 존재한다.

평균 수명은 말 그대로 평균일 뿐이다. 인간의 평균 수명이 80이라면 80을 넘겨서 더 오래 사는 사람도 있지만, 평균 수명보다 더 일찍 죽는 사람도 있다. 별의 경우도 마찬가지이다. 우리 태양보다 더 오랜 기간을 사는 것도 있지만 훨씬 빨리 죽는 별들도 있다. 어떤 별은 별이 되려고 우주먼지와 가스들이 모이긴 하지만 별로 탄생하지 못한 채 그냥 사그라져 버리는 일도 있다. 어떤 아기는 엄마의 자궁안에 있다가 세상 밖으로 나오지 못한 채 죽는 것과 마찬가지이다. 이러한 것을 결정하는 것은 바로 열복사압력과 만유인력의 평형이 가장 중요한 역할을 한다. 하지만 보다 더 근본적인 것은 이러한 것을 가능하게 만들어 주는 별 내부에 존재하는 원소들의 함량과 그 질량이다.

만약에 별의 질량이 너무 작거나 너무 크다면 별은 표준적인 수명을 살지 못하고 일찍 죽을 운명에 처하게 된다. 우리 인간이 같은 해에 태어나더라도 이 세상을 떠나는 시기는 모두 다르듯이 별도 마찬가지로 같은 시기에 탄생되었더라도 이 우주 공간에서 사라지는 시간은 모두 다르다.

일반적으로 이야기해 보면 우리 태양 질량보다 0.08배 작은 질량의 경우에는 결코 별 내부에서 스스로 에너지를 만들어 낼 수 있는 기회마저 얻지 못하게 된다. 또한 우리 태양 질량의 약 100배가 넘는 별의 경우에는 너무 질량이 큰 관계로 만유인력이 열적 압력을 이겨내지 못해 폭발해서 사라져 버리게 된다.

대체적으로 질량이 큰 별이 질량이 작은 별보다 일찍 죽는다. 왜 그럴까? 에너지를 만들어 낼 별 내부에서의 원소들이 많아 더 오래 살아야 되는 것이 아닐까? 그렇지 않다. 만약 별 내부에 더 많은 수소가 있게 되면 더 빨리 에너지를 만들어내게 되어 질량이 작은 별보다 더 일찍 죽게 된다.

이 우주 공간에는 수천억 개 이상의 별들이 있지만, 그 무한대에 가까운 모든 별도 어느 시기가 지나면 죽게 된다. 우리 태양의 마지막 죽음의 모습을 예상해 볼 수도 있다. 가장 표준적인 별이기에 충분히 가능하다. 우리 태양은 평균 질량을 가지고 있는 별이기에 어느 시간이 지나면 태양 내부의 수소 연료가 다 소모되고 늙게 된다. 이 단계에서 만유인력이 우리 태양의 열적 압력을 압도하게 된다. 이로 인해 태양은 스스로 자신을 태양 중심 쪽으로 끌어당긴다. 수소를 다 태워버린 우리 태양은 이제 연료가 다 소진되어 밖으로 향하는 열적 압력이 없게 되어 만유인력에 의해 계속 수축되어 찌그러지게 된다. 그리고 더 이상 자신의 삶을 살아갈 에너지를 만들어내지 못하게 된다. 그리고 마지막 단계에서 중심의 핵 주위의 플라스마와 가스들이 폭발되면서 우주 공간으로 날아가 버린다. 우리 태양은 그렇게 이 우주 공간에서 사라져 버릴 것이다. 그리고 그 잔해는 이 우주 공간을 영원히 떠돌아다닐지 모른다.

우주 공간에 100억 년이나 사는 별들도 죽는데 인간은 말해서 무엇하겠는가? 사람은 100억 년의 1억분의 1도 안 되는 시간을 이 지구상에서 보내다 떠나야 할 운명인 것이다. 우주 전체의 기간으로 본다면 찰나에 불과할 뿐이다. 그 짧은 시간을 살면서도 우리는 왜 그리 많은 일들을 겪어야 하는 것일까? 지구상에 존재하는 다른 동식물처럼 그저 소리 없이 왔다가는 것은 불가능한 것일까?

어느 사찰에 갔을 때 본 "아니온 듯 다녀가자"라는 플랭카드가 갑자기 생각난다. 물론 그 사찰에서는 방문객들이 쓰레기 좀 제발 많이 버리지 말아 달라는 뜻으로 써 놓은 것 같기도 하지만, 새겨보면 우리 인생을 말하는 것 같기도 하다. 천상병 시인의 말처럼 그저 이 세상 잠시 소풍 왔다 가는 것처럼 사는 것은 힘든 것일까? 엄청난 것 생각하지 말고, 욕심 같은 것도 다 내려놓고 그저 아니온 듯 다녀가고자 하는 것마저 노력이 필요한 것일까? 인간은 본질적으로 자신의 생각을 내려놓지 못하는 한 그 굴레에서 영원히 벗어나기는 힘들지도 모른다.

◆ 별의 일생을 생각하면 인간의 삶은 찰나에 불과하다. ◆

32

물은 왜 흐르는 것일까?

물이 흘러가는 것은 생명 그 자체를 위함이다. 자연에는 정지하고 있는 물은 거의 없다. 인간이 물을 가두어 놓기 위해 만들어 놓은 인공적인 댐이나 저수지 외에 자연의 그 어떤 물도 가만히 정지하고 있는 물은 존재하지 않는다. 물의 본성은 흐름 그 자체에 있다. 인간의 성질을 인성이라 한다면 물이 가지고 있는 성질을 물의 본성이라 할 수 있을 것이다. 인간의 생각은 오직 인간 자체에 국한되어 자연을 자연 그 자체로 바라보는 능력이 부족하다. 자연의 그 모든 것을 인간의 관점으로 생각하고 판단할 뿐이다. 가장 큰 문제는 인간이 자연의 주인이 아닌데도 불구하고 주인으로 착각하여 행동하는 것이다. 오직 인간만이 하고 있는 착각일 뿐이다. 자연은 그러하지 않다.

물의 가장 중요한 본질은 흐름에 있다. 흐름이란 시간에 따라 위치가 변하는 운동이란 뜻이다. 물의 본질이 운동이라면 왜 그런 것일까? 이것은 물을 하나의 생명이라 가정해 본다면 쉽게 답이 나온다. 물의 입장에서 생각해 보는 것이다. 물이 흐르지 않는다면 물의 입장에서는 생존할 수가 없다. 생존이란 생명과 같은 말이다. 즉 물이 흘러가지 않는다면, 즉 스스로 운동을 하지 않는다면 물은 자체적으로 생명을 잃는다.

인간이 목숨을 잃게 되면 어떻게 되는지 누구나 다 잘 알 것이다. 인간이 죽게 되면 썩어 다시 살아나지 못한다. 물도 마찬가지다. 물이 생명을 잃게 된다는 것은 썩게 된다는 것이다. 물이 흐르지 않고 고여 있는 경우 시간이 지남에 따라 물의 흐름이 사라지고 점점 물이 썩어 들어가게 된다.

물 자체의 생명도 중요하지만, 간과하지 말아야 할 것은 지구상의 수많은 생명체가 물을 기본으로 살아가야 하기에 물은 지구상 모든 생명체의 근원이 되기도 한다는 것이다. 예를 들어 인간의 신체 70% 이상이 물로 이루어져 있다. 지구상의 그 어떤 생명체도 식물이건 동물이건 물 없이는 존재가 불가능하다.

지구상의 물은 가만히 내버려 두면 스스로 계속 흐르면서 순환을 하게 되어 있다. 그것이 자연의 원리이며 법칙이다. 오직 인간에 의해 이 흐름이 끊기게 되는 것이다. 따라서 인간은 지구상의 모든 생명체의 근원이 되는 물의 본성에 방해를 한 것과 다름이 없다. 인간이 댐을 막고 저수지를 만든 이유는 무엇일까? 인간을 위한 행위이다. 물론 댐과 저수지로 인해 인간이 혜택을 받는 것은 사실이다. 하지만 꼭 짚고 넘어가야 하는 것은 인간에게 도움이 될 수 있도록 댐과 하천 공사를 한다고 하더라도 가장 좋은 방법을 택했어야 했다. 불행하게도 국가의 지도자들은 그러한 지혜를 가지고 있지 못했다. 지금이라도 가장 좋은 방안을 찾으려 노력을 하고 있는지는 모르겠지만 어쩌면 실로 슬픈 현실이 아닐 수 없다.

물이 흘러가는 모습을 보면 실로 다양한 형태를 취한다. 직선으로 가기도 하고 굽이쳐 흐르기도 하며, 어떤 곳에서는 빠르게 흐르며, 어떤 곳에서는 느리게 흘러간다. 하지만 이 모든 형태의 흐름은 생명을 유지하기 위함이다.

물이 썩지 않기 위한 조건은 유속이 가장 중요하다. 흔히 평균 유속은 유량을 단면적으로 나눈 것으로 정의한다. 일정한 면적하에 얼마나 많은 양이 흘러가느냐가 유속이라는 뜻이다. 많은 양의 물이 흘러갈수록 당연히 물의 흐름이 빠를 것이며 이런 경우 물은 절대 생명을 잃지 않는다. 하천의 경사가 다름에 따라 물의 양은 당연히 달라질 수밖에 없다. 경사가 급하지 않을수록 물의 흐름은 느려지지만, 물의 양 자체가 많게 되면 물은 썩지 않는다. 그래서 강의 폭이 큰 경우 유속이 느려도 물이 썩지 않게 되는 것이다. 서울 한복판을 가로지르는 한강은 유속이 그리 빠르지 않지만, 남한강과 북한강에서 합쳐 흘러내리기에 그 양이 충분히 많아 유속이 느리더라도 자연 그대로는 썩지 않는다. 따라서 인간이 만드는 수로의 구조가 어떠한 형태냐에 따라 이것이 큰 변화를 일으킬 수가 있게 된다. 자연은 그냥 내버려 두면 알아서 자신에게 맞는 수로를 스스로 형성해 간다. 하지만 인간이 크게 잘못 건드려 놓으면 물은 생명을 잃게 된다.

물은 지구상의 수많은 생명체의 생명의 근원이 될 뿐만 아니라 물 자체에도 생명이 있다는 것을 기억하면 좋을 것 같다. 인간의 눈으로 보기 때문에 그 살아 숨 쉬는 생명의 소리를 듣지 못할 뿐이다. 열린 눈으로 열린 가슴으로 본다면 그 생명의 울부짖음을 듣지 못할

리 없다.

물의 가장 중요한 본성은 흐름이다. 흘러가야만 다른 생명체에게도 자신에게도 생명의 근원을 제공할 수가 있다. 흘러간다는 것은 정체하지 않음이다. 어느 한자리에서 그리고 한 위치에서 그대로 그 모습을 유지하지 않는다는 뜻이다.

우리의 살아있음도 바로 흐름에 있을 것 같다. 어제보다 나은 오늘, 오늘보다 나은 내일이 우리의 생명의 근원이 되어야 할지도 모른다. 어제나 오늘이나 내일이나 별 차이 없이 항상 똑같은 정체된 모습은 살아 있는 우리 자신의 모습이 아닐 수 있다. 보다 더 나은 나의 모습으로 항상 변해가야 함이 나의 내면에 있어서 생명의 근원이 되는 것은 아닐까? 나의 나됨은 살아있음을 느낌으로 가능하지 않을까? 과거의 아픔이나 고통은 잊어버리고 새로운 나로 흘러가는 것이 나의 생명의 부활을 알리는 신호가 되는 것은 아닐까? 살아있음은 어떤 상태의 정체가 아닌 새로운 상태로의 전이가 아닐까?

◆ 물은 왜 흐르는 것일까? ◆

33

토네이도가 무서운 이유

어떤 줄에 매달려서 빙글빙글 회전하고 있는 공과 같은 물체가 있다고 생각해 보자. 만약 이 회전하는 물체를 회전축의 중심 쪽으로 잡아당기면 그 물체의 속력은 증가하게 된다. 왜 그럴까? 그 이유는 각운동량이 보존되기 때문이다.

각운동량은 원운동의 경우 회전축으로부터의 어떤 물체까지의 거리, 그 물체의 질량, 그리고 그 물체의 속력의 곱으로 정의된다. 수식으로 표현하면 $L = rmv$이다. r을 쉽게 회전하는 원운동의 반지름이라 생각하고, 반지름이 클 때와 반지름이 작을 때를 비교하면 반지름이 작아지면 각운동량이 보존되어야 하기 때문에 속력이 커질 수밖에 없다. 반대로 반지름이 커지면 그 물체의 속력은 줄어들 수밖에 없다. 물체의 질량은 이 정도의 경우에는 변하지 않기 때문이다.

이를 대기 중에 움직이고 있는 바람의 경우로 생각해 보자. 대기의 넓은 영역에서 천천히 회전하고 있던 바람의 경우 만약 반지름이 줄어들게 되면 각운동량 보존 법칙에 따라 바람의 속력이 증가하게 된다.

구름의 종류에는 여러 가지가 있는데 대기의 수증기가 수직으로 발달한 구름을 적란운이라고 한다. 구름이 수직 층으로 쌓여 있다는 뜻이다. 수증기가 수평축으로 모여 있는 것이 아닌 수직축을 중심으로 아래위로 걸쳐 길게 형성되는 경우이다. 적란운은 강수를 동반할 경우 폭풍우에 가까운 비가 내린다. 그만큼 수증기의 양이 많기 때문이다.

만약 수직으로 길게 형성된 적란운이 폭풍우를 동반하면서 회전하기 시작하면 엄청난 바람도 생성될 수밖에 없다. 이 적란운이 대기에 넓은 반경을 차지하고 있다면 그나마 다행이지만, 만약 어떤 조건으로 인해 그 반지름이 급격하게 줄어든다면 이 적란운은 어마어마한 속력을 가지고 급격한 회전운동을 하게 된다. 이 회전운동은 폭풍우를 동반한 채 땅 위에서부터 수직의 형태로 회전하게 되는데 이것이 바로 토네이도가 되는 것이다. 토네이도는 그 엄청난 회전 속력에 의해 주위의 모든 것을 빨아들이기 시작한다. 회전 속력이 클수록 당연히 그 흡입력은 엄청나게 증가하게 된다. 집 안에 있는 진공청소기가 집안에 널려 있는 것을 다 빨아들이는 것을 우리는 매일 볼 수 있다. 만약에 그 진공청소기보다 약 천 배에서 만 배 이상의 흡입력이 있는 기계를 생각해 본다면 그 위력을 가히 상상하고도 남을 것이다.

토네이도가 무서운 이유가 바로 이러한 흡입력에 의한 그 회전 속력에 있다. 반지름이 아주 줄어들 경우 그 속력이 거의 400~500 km/h 정도가 된다. 이 정도의 속력이라면 주위의 어떤 것도 남아 있기 힘들게 된다. 토네이도가 지나가는 그 경로상에 있는 모든 것은 다 토네이도 속으로 빨려 들어가게 된다. 장마철 홍수가 나서 하수구 구멍으로 물이 회전하면서 빨려 내려가는 모습과 흡사하다. 시속 50 km 정도의 속력으로 가는 자동차와 부딪혔을 경우 우리 인간의 가장 단단한 뼈중의 하나인 정강이뼈도 부러질 수 있다. 시속 50 km 정도의 속력이 빠른 것 같지 않은 생각이 든다면 이는 완전히 착각이다. 정강이뼈가 부러지는 마당에 그 정도의 속력에 의해 인간의 웬만한 뼈는 거의 다 부러진다. 시속 100 km 이상의 속력으로 달리는 고속도로에서 정면충돌의 사고가 난다면 인간이 살아남을 확률은 극히 낮다. 만약 그 정도 속력의 정면충돌에서 살아남았다면 그 사람은 정말 행운아가 아닐 수 없을 것이다.

토네이도가 무서운 또 다른 이유는 그 경로의 예측이 거의 불가능하다는 것에 있다. 어느 쪽으로 갈지 일기예보에서 예상이 가능하다면 이에 대비할 수 있지만, 토네이도의 경로를 정확히 예측하는 것은 힘들 수밖에 없다. 왜냐하면 수직으로 워낙 길게 형성되어 있고 그 회전 속력이 수시로 바뀌면서 반지름마저 계속 변하기 때문에 토네이도의 질량중심을 계산해내는 것은 거의 불가능하다. 질량중심도 계산하기 힘든 마당에 그 경로를 예측한다는 것은 정말 어려울 수밖에 없다. 아무리 빠른 슈퍼컴퓨터로 계산을 한다고 하더라도 많은 변수의 불확실성으로 인해 시간 안에 토네이도의 예상 경로를 알아내는 것이 결코 쉬운 일이 아니며 언제 어디로 움직일지 몰라 그 주위의 모든 지역의 사람들이 다 대비를 하지 않는다면 엄청난 피해를 볼 수밖에 없다.

이제까지 살면서 내가 공포심을 느낀 적은 별로 없었다. 가장 공포를 느낀 경우를 꼽아보라면 두 번 정도가 생각이 난다.

첫 번째는 진도 6.0이 넘는 지진을 한밤중에 캘리포니아에서 느꼈을 때다. 두 번째가 바로 미국을 대륙횡단 할 때 중부지역에서 두 눈으로 직접 토네이도를 보았을 때다. 당시 네브래스카를 지나던 중이었다. 오후 시간이었는데 환했던 주변이 갑자기 칠흑같이 깜깜해지기 시작하는 것이었다. 토네이도가 지나가는 경로 범위였다. 정말 무서웠다. 그 상황은 말로 표현할 수가 없을 정도로 무시무시했다. 직접 몸으로 겪지 않은 사람은 아무리 설명해도 느끼지 못할 것이다.

흔히 미국 사람들은 토네이도를 표현할 때 “a beautiful tornado”라는 말을 쓴다. 도대체 그 무시무시한 토네이도에게 왜 아름답다는 표현을 할까? 내 생각엔 너무나 아름다운 여인을 보면 정신을 못 차리듯이 무시무시한 토네이도를 눈앞에서 보면 혼이 다 빼앗겨 아무 생각도 할 수 없을 만큼 정신을 차리지 못해서 그러는 것이 아닌가 싶다. 내가 그랬다. 네브래스카에서 토네이도를 눈 앞에서 본 순간 나는 아무 생각이 안 났다. 혼마저 잃어버린 느낌이었다. 그 정도로 무시무시했다.

미국에서는 오클라호마, 네브래스카, 캔자스, 알라바마 지역에서 가장 토네이도가 많이 발생한다. 이 지역에서 토네이도가 빈번하게 발생하는 이유는 남쪽의 따뜻한 공기와 북쪽의 차가운 공기가 이 지역을 중심으로 만나면서 충돌을 일으켜 지구 자전과 같은 방향인 반시계 방향으로 두 기류가 소용돌이를 일으키기 때문이다. 한해에 평균 300개 이상의 토네이도가 이 지역에서 발생하며 토네이도로 인해 평균 80~100명 정도가 사망한다. 재산적인 피해는 천문학적이다.

20여 년이 지난 경험들이지만, 그 공포심이 너무 커서 아직도 뇌리에 생생하다.

토네이도는 모든 것을 전부 빨아들이기 때문에 무섭다. 어떤 것을 막론하고 전부 다 빨아들여 모조리 없애 버린다. 우리 삶에서도 토네이도 같은 것이 있을 수 있다. 우리 인생을 송두리째 파괴해 버릴 그런 것 말이다. 미국에 있을 때 주위에 마약 중독자들에 대한 이야기를 많이 들었다. 자식이 마약을 한다고 경찰에 일부러 신고하는 부모를 본 적 있다. 자녀가 차라리 감옥에 가는 것이 나을 것 같다고 판단한 부모의 신고로 출동한 경찰이 부모가 보는 앞에서 자식을 체포해 갔다고 직접 그 부모로부터 이야기를 들었다. 오죽했으면 차라리 감옥에 가는 것이 낫다고 판단을 했을까?

하지만 그 자녀는 나중에 감옥에 나와서도 다시 마약을 했다. 그의 삶은 마약에 의해 완전히 파괴되어 버렸다. 인생의 그 어떤 것도 그 앞에는 없었다. 오직 마약이 전부였다. 토네이도가 모든 것을 앗아가 버리듯 그의 인생을 마약이 전부 삼켜버린 듯했다. 그의 부모는 자녀의 미래를 위해 미국으로 이민을 온 분들이었고, 나는 그분들의 집에서 몇 달을 같이 살았다. 내가 쓴 방이 감옥에 간 아들이 쓰던 방이었다. 우리는 우리의 인생에서 결코 토네이도 같은 것을 만나서는 안 된다. 아예 그 근처에도 얼씬거려서는 안 될 것이다. 나와 함께 저녁을 드시면서 수시로 눈물을 흘리시던 그분 모습이 생각난다. 그분을 못 뵌 지 오래되었지만 아마 돌아가실 때까지 그렇게 계속 눈물 지으실 것 같은 생각이 든다.

◆ 토네이도가 쓸고 간 마을 ◆

34

우리는 왜 지구의 자전을 느끼지 못할까?

우리가 살고 있는 지구는 태양을 중심으로 공전하면서 스스로 자전한다. 지구가 자전하고 있으므로 지구 위에 사는 우리도 지구와 함께 자전하고 있다. 즉 우리는 지구와 같은 속력으로 운동하고 있는 것이다.

지구와 더불어 운동하고 있는 우리는 얼마나 빠른 속력으로 움직이고 있을까? 우리의 속력은 지구의 자전 속력과 같으므로 지구의 자전 속력을 구하면 된다. 하지만 우리가 지구 위 어느 위치에 있느냐에 따라 그 속력이 달라진다.

쉽게 지구의 적도 위에 있는 경우 우리가 얼마나 빠른 속력으로 운동하는지 구해 보자. 지구의 반지름이 약 6,400 km 정도 되니까 적도 위에 있는 사람은 이 반지름에 해당하는 원둘레만큼 움직이게 되는 것이니 하루에 약 40,000 km를 움직인 것에 해당된다. 이 거리를 하루 24시간 동안 이동한 것이니 지구 적도 위에 있는 사람의 속력은 시속으로 약 1,700 km 정도가 된다. 이는 한국에서 미국으로 가는 비행기의 두 배 정도 빠른 속력이다. 웬만한 보통 전투기보다도 빠른 것이다.

다시 말하면 지구의 적도 즉 인도네시아나 말레이시아 같은 나라에 살고 있는 사람들은 지구와 더불어 매일 이 정도의 빠른 속력으로 움직이고 있다. 그런데 왜 우리는 이렇게 빠르게 움직이고 있다는 것을 느끼지 못하는 것일까?

그것은 운동은 상대적이어야 느낄 수 있기 때문이다. 우리가 비행기를 타고 여행을 할 때 비행기 창문을 모두 닫고 가만히 있으면 비행기와 함께 움직이고 있으므로 비행기 내부에서는 우리가 움직이고 있다는 것을 느끼기가 어렵다. 비행기의 창밖을 내다보고 밑에 있는 지형이나 구름을 보고 나서야 비로소 우리가 움직인다는 것을 알 수 있게 된다.

마찬가지로 움직이고 있는 지구 위에서 지구와 함께 운동하고 있는 우리들이기 때문에 우리가 엄청난 속도로 운동하고 있음에도 불구하고 전혀 느끼지를 못하는 것이다.

느낀다는 것은 상대적으로 비교를 해야 가능해진다. 비교할 대상이 없다면 우리는 그러한 것을 모르는 것이다. 주변의 모든 것이 함께 한다면 우리는 그 차이를 모르고 살아갈 수 있다. 지구가 자전할 때 우리 주위의 모든 것이 함께 움직이고 있기 때문에 그 차이가 없어 느끼지 못하는 것이다.

우리는 살아가면서 스스로 주위의 많은 것들과 비교를 하면서 생활한다. 나보다 부자인 사람, 나보다 성공한 사람, 나보다 잘생긴 사람, 나보다 많은 것을 가지고 있는 사람, 나보다 행복한 사람 등 우리는 매일 내가 가지고 있는 것을 다른 사람이 가지고 있는 것과 비교하기 때문에 그로 인한 마음의 고통과 괴로움을 느끼게 된다. 나보다 가난한 사람, 나보다 성공하지 못한 사람, 나보다 잘 생기지 않은 사람, 나보다 불행한 사람들도 많다.

내가 누구를 부러워하듯이 나를 부러워하는 사람도 많다는 뜻이다. 우리보다 아주 많이 부자인 사람도 많지만, 세계 어느 지역에서는 먹지를 못해서 굶어 죽는 사람도 있고, 초등학교조차 다니지 못하는 사람도 있다.

우리는 비교할 것을 비교해야 한다. 비교할 필요도 없는 것은 생각할 필요조차 없다. 그것이 오히려 내가 살아가는 데 있어서 도움은 커녕 마음만 힘들게 할 수도 있기 때문이다. 내가 가지고 있지 않은 것에 연연할 필요가 전혀 없다. 지금 내가 가지고 있는 것으로도 충분하다. 비교로부터 자유로울 때 우리의 삶은 크게 달라지지 않을까?

35

공진화의 원리

공진화(coevolution)란 글자 그대로 함께 진화한다는 뜻이다. 진화는 살아남음이다. 자연에서는 현재보다 더 나아져야 살아남을 수 있다. 그렇지 못하다면 그 생물은 퇴보되어 멸종될 수밖에 없다. 자연선택이 허락되지 않기 때문이다. 인류의 조상 중에 살아남은 종은 현재의 호모 사피엔스밖에 없다. 다른 종은 지구상에서 모두 멸종되었다.

공진화란 생물에 있어서 두 개의 종(species)이 상대 종에게 서로 영향을 미쳐 함께 진화해 가는 것을 말한다. 이 개념은 다윈이 쓴《종의 기원》에서 처음 언급되었다. 그는 이 책에서 '진화적 상호작용'이라고 표현했는데 후에 '공진화'라는 용어가 더 많이 사용되어 현재에 이르고 있다.

생물은 계속 변화하는 환경에서 서로 가까운 관계에 있는 종이 진화해 감에 따라 다른 종도 이에 맞추어 살아남기 위해 끊임없이 적응하며 진화해 간다. 이것이 자연의 원리이다. 만약 서로 밀접한 관계에 있는 종 가운데 하나의 종이 이를 따라가지 못하면 멸종될 수밖에 없기에 생존을 위하여 함께 진화해 갈 수밖에 없는 것이다.

공진화의 가장 대표적인 것이 바로 숙주와 기생자 간의 진화이다. 대표적인 기생자는 바이러스라 할 수 있다. 숙주와 기생자는 진화에 있어 계속적인 경쟁을 벌일 수밖에 없다. 그런 가운데 두 종이 진화해 간다. 만약 숙주와 기생자 중 어느 한 종이 진화에 실패를 하면 그 종은 서서히 사라질 수밖에 없다. 보통은 숙주가 먼저 진화해 가기 시작한다. 그리고 기생자는 이에 맞추어 진화해 간다. 2011년 《사이언스》에 발표된 논문에 의하면 예쁜 꼬마선충은 그 기생자인 세균과 함께 공진화한다고 한다. 인간과 바이러스도 공진화 관계가 아닌가 싶다. 왜냐하면 인간은 바이러스의 숙주가 되기 때문이다. 인간은 바이러스로부터 자신을 지키기 위해 새로운 방법을 모색하며 바이러스 또한 숙주인 인간을 잃지 않기 위해 계속해서 복제 과정에서 스스로 자신의 돌연변이를 만들어낸다.

포식자와 그 먹이종도 상호작용을 하며 공진화한다. 포식자는 자신의 먹이를 더 잘 잡을 수 있도록 진화해 가며, 그 먹이종은 포식자에게 덜 잡힐 수 있도록 진화해 가는 것이다.

이러한 공진화의 가장 궁극적인 목표는 무엇일까? 결국 생존의 문제이다. 단순히 말해서 진화하지 못하면 살아남을 수 없기 때문이다. 생명체의 본능은 계속해서 살아가고자 하는 것에 있다.

이러한 공진화의 원리를 우리 인간관계에도 적용해 보면 어떨까 하는 생각이 들었다. 즉 함께 더 좋은 방향으로 협력해서 살아감이다. 하지만 그것이 그리 쉽지는 않다. 왜냐하면 인간은 자신의 이익을 가장 중요하게 생각하는 이기적인 동물이기 때문이다. 계산하고 따지는 데 있어서 손해를 보려고 하는 사람은 거의 없다. 그러한 이유로 공진화가 되기는커녕 서로 상처를 입히고 같이 퇴보하는 경우가 더 많다. 이제부터라도 나와 가까운 관계에 있는 사람에게 서로 도움이 될 수 있는 방법을 찾아보는 것은 어떨까 싶다. 이를 위해서는 이익을 어느 정도 포기해야 가능하다. 그것이 우리 인간 관계에 있어서의 공진화 원리의 가장 중요한 첫 번째 단계일 것이다. 그리고 각자가 지혜를 발휘하고 양보한다면 그다음 단계로 이어져 더 나은 모습의 관계로 발전할 수 있지 않을까 싶다. 자신의 이익과 생각만을 고집한다면 공진화는 불가능할 것이다.

36

공진의 원리와 동성상응

1850년 길이 100 m, 폭 7 m가 넘는 프랑스의 어느 한 커다란 다리에 발을 맞추어 행진하며 건너가던 군인들이 있었다. 그런데 갑자기 그 다리가 무너져 군인들 483명 중 226명이 사망하는 사고가 발생했다. 1940년에는 미국의 워싱턴 주에서 길이 850 m가 넘는 현수교가 바람에 흔들리기 시작하더니 점점 그 흔들리는 폭이 증가하다가 그 육중한 다리가 공중에서 끊어지는 사건이 일어났다.

이러한 사건의 이유는 무엇일까? 당시에는 엄청나게 커다란 다리였기 때문에 당연히 안전하다고 생각했을 텐데 어떻게 그렇게 육중한 다리가 힘없이 무너져 내렸을까?

그 이유는 바로 파동에서의 "공진(resonance)"이라는 원리 때문이다. 공진이라는 것은 어떤 특정한 진동수를 가진 물체가 같은 진동수의 힘이 외부에서 가해질 때 점점 진폭이 커지면서 에너지가 증가하는 현상을 말한다. 일반적인 파동인 경우는 공진이라고 말하며 이것이 소리일 때는 특별히 공명이라고 말하기도 한다.

프랑스 군인들이 발을 맞추어 가던 중 다리에 공진의 원리가 일어난 것이고, 마찬가지로 미국 워싱턴 주의 현수교도 바람에 의해 흔들리던 중 공진현상으로 인해 그 육중한 현수교가 한순간에 끊어져 버리고 만 것이다.

모든 물체에는 고유진동수가 있는데 그 고유진동수와 같은 진동수를 가진 외력이 주기적으로 주어질 때 그 진폭이 뚜렷하게 증가된다. 예를 들어 그네를 고유진동수와 같게 밀어주면 그네의 진폭이 빠르게 커지지만, 다른 진동수로 밀어주면 그네는 제대로 잘 흔들리지 않는다.

어느 한 물체의 고유한 진동수는 그 물체의 특징을 말해준다. 물체마다 그 고유진동수가 모두 다르다. 공진의 원리란 그 물체만의 특성에 맞는 외부 진동수가 그 물체와 어울려서 엄청난 에너지를 만들어 낼 수 있음을 의미한다.

주역에 보면 "同聲相應 同氣相求(동성상응 동기상구)"라는 말이 있다. 이는 "같은 소리를 가진 사람이 서로 만나면 크게 반응하고 같은 기운을 가진 사람은 서로 만나게 된다"라는 뜻이다. 이는 공진의 원리를 말한다고 할 수 있다. 우리 사람도 잘 맞는 사람이 있는가 하면 그렇지 못하는 사람도 있다. 만약 서로가 잘 맞는 사람끼리 만나면 각자 홀로 있는 것보다 훨씬 큰 시너지 효과를 만들어 낼 수 있다.

우리는 살아가면서 수많은 사람을 만나게 된다. 하지만 진정으로 나와 비슷한 사람은 그리 많지 않다. 나와 비슷한 사람을 만났을 때 그와 더불어 훌륭한 일을 할 생각을 가질 필요가 있다. 조그만 불협화음이 있다면 이를 제거하고 서로의 진동수를 생각해 가며 맞추어 갈 필요도 있다. 우리 인간에게는 자신의 고유함을 다른 사람의 고유함과 어느 정도 노력으로 맞추어 갈 능력이 있다. 만약 그렇게 될 수 있다면 나 혼자만의 능력으로 하는 것보다 훨씬 더 좋은 일을 많이 할 수 있을 것이란 생각이 든다.

우리 인간은 생각을 할 수가 있기에 조금 다른 고유진동수가 있을지라도 어느 정도는 조절하여 서로의 고유진동수에 맞추어 나가려 노력하는 것이 진정으로 현명한 것이 아닐까 싶다. 물론 완벽하게 맞는 사람을 만난다면 더 이상 바랄 것은 없다. 하지만 인간이기에 어느 정도 노력으로 불협화음을 제거하고 서로의 고유진동수에 가까이 할 수 있는 능력을 키우는 것도 지혜로운 것이 아닐까 싶다. 만약 그것이 가능하다면 둘의 시너지 효과로 엄청난 에너지 즉, 훌륭하고 커다란 일을 이루어 낼 수도 있을 것이다.

DNA 구조를 밝혀 노벨 생리의학상을 수상한 왓슨과 크릭은 만난 첫날부터 서로가 잘 맞았다. 각자의 능력을 최대한 발휘하여 엄청난 시너지 효과를 만들어 낼 수 있었기에 생명과학의 역사에서 길이 남을 위대한 업적을 이루어 낼 수 있었다. 아마 그들도 오랜 기간동안 함께 연구하면서 서로가 잘 맞지 않는 부분이 일부는 있었을 것이다. 하지만 그러한 것은 지혜롭게 잘 없애고 각자의 장점을 최대한 발휘하여 각자가 가지고 있는 재능보다 몇 배의 더 위대한 업적을 남길 수 있었다. 동성상응의 가장 좋은 표본이라 할 수 있을 것이다. 나와 잘 맞는 친구, 만나면 편한 친구, 얘기가 잘 통하는 친구, 그러한 친구와 평생 오래도록 함께 할 수 있다면 공진의 원리가 적용되어 우리의 인생 자체가 아주 아름답게 만들어지지 않을까 싶다.

◆ 同聲相應 同氣相求 ◆

37

네가 살아야 나도 산다

직사각형으로 생긴 막대자석 한쪽은 N극이고 다른 쪽은 S극이다. 보통 두 극을 구분하기 위해 다른 색깔을 칠해 놓는다. 예를 들어 N극을 파란색으로 칠하면 S극은 빨간색으로 칠한다. 막대자석은 항상 N극과 S극이 함께 존재한다.

막대자석의 가운데에 파란색과 빨간색의 경계가 있으니 호기심으로 그 경계선을 전기톱으로 잘라보자. N극과 S극을 따로 분리해도 잘라진 N극의 반대쪽은 S극이 생기고, 잘라진 S극의 다른 반대쪽은 N극이 생긴다. 분명히 잘라진 N극은 잘라지기 전에 N극만 있었는데 S극이 생긴 것이다. 마찬가지로 잘라진 S극도 잘라지기 전에는 S극만 있었다. 그런데 N극이 생겨 버렸다.

또 잘라내도 마찬가지가 된다. 결론적으로 이야기하면 막대자석은 N극이나 S극 혼자 독립적으로 이 지구상에 존재할 수 없다. 우주 전체를 다 뒤져봐도 어떤 곳에도 N극이나 S극 홀로 존재하는 것을 발견할 수 없다. 만약에 이 글을 읽는 어떤 분이 N극이나 S극이 따로 존재하는 것을 발견한다면 얼마 지나지 않아 노벨 물리학상을 수상할 것을 100 % 확신한다. 자석의 경우 N극과 S극은 홀로 존재하지 않고 항상 함께 존재한다. 이것이 자연의 본질(intrinsic property)이다.

이런 자연의 본질을 사람 사이의 관계에도 적용해 보자. 만약에 두 사람이 있다고 가정해 보자. 사람은 어떤 경우에도 같을 수가 없다. N극과 S극처럼 다를 수밖에 없다. 아무리 친한 사람이라 할지라도 다른 면이 분명히 존재한다. 다른 성격이나 다른 특징, 기호가 다를지라도 함께 도와가며 생활하는 것이 마음이 편하다. 왜냐하면 자연의 본질과 일치하기 때문이다.

만약에 서로의 성격이 다르다고 해서, 그리고 자신과 좀 같은 면이 없다고 해서 다투기 시작하면 같이 생활하는 것은 너무나 불편할 수밖에 없고 마음이 안정되지 않는다. 그럼에도 불구하고 사람들은 함께 지내려 노력하기보다는 다투는 경우가 훨씬 많다. 자신이 다른 사람보다 더 소중하게 생각되기 때문이다. 사람 관계에서는 함께 공존하는 것은 생각보다 쉽지 않다.

조훈현 국수가 우리나라 바둑계를 장악하고 있었을 때, 한 어린 아이가 조훈현 9단의 집으로 찾아왔다. 말도 별로 없고 표정도 없는 이창호라는 이름의 어린이였다. 조훈현 9단은 10살도 안 된 이창호와 바둑을 한번 두고 나서는 이창호를 제자로 받아들여 자신의 집에서 먹고 재우며 같이 지내면서 둘이 매일 바둑을 두었다.

이창호가 15살이 되던 1990년 그는 스승인 조훈현 9단을 3연승으로 물리치고 국수가 되었다. 그리고 다음 해인 1991년 이창호는 세계 기전에서 우승하며 세계 최고의 바둑기사가 되었다. 이후로 이창호에 의해 세계 바둑계의 엄청난 지각 변동이 일어나게 된다. 한국, 중국, 일본 이렇게 세 나라의 바둑 고수들이 다투는 세계 기전은 이창호와 그 외 바둑기사 전체로 갈리게 될 만큼 당시 이창호 9단은 전 세계 바둑계를 평정해 버렸다.

조훈현 9단의 위대함이 여기에 있다. 그는 함께 한다는 것이 무엇인지를 알았다. N극과 S극이 함께 공존해야 자석이 되는 것처럼 홀로 존재하기보다는 함께함의 위대함을 그는 알았던 것이다.

나와 다르다고 해서 다투고 상대를 제거하려 한다면 본인 자신에게도 엄청난 피해와 아픔이 있게 된다는 것을 기억해야 한다. 함께 하지 못한다면 차라리 가만히 있는 것이 낫다. 너를 죽이고 나는 살겠다는 것은 자연의 본질이 아니기에 커다란 대가를 치를 수도 있다. 비록 매우 다르더라도 함께 하려고 노력하는 마음부터 가지는 것이 중요하다. 많은 아픔과 시간이 걸리겠지만 그 길이 옳다. 네가 살아야 나도 산다는 것이 바로 자연의 본질이기 때문이다.

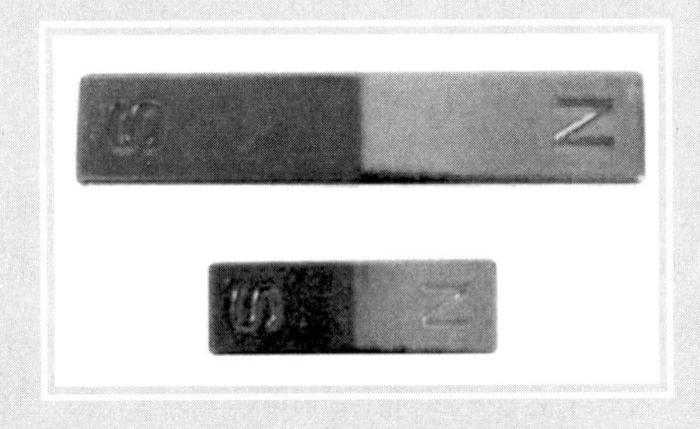

◆ N극과 S극 ◆

38

번개가 칠 때는 차 안으로

도체는 어떤 원자에도 구속되지 않은 채 자유롭게 움직이는 전자를 가지고 있다. 도체가 고립되어 있는 경우 핵에 구속되어 있지 않은 과잉전하는 도체의 표면에 분포하게 된다. 따라서 도체 내부의 어느 곳에서건 전기장은 영이 된다.

내부의 빈 공간을 외부에서 도체가 완전히 감싸는 것을 흔히 패러데이 상자라 부른다. 대표적인 패러데이 상자는 자동차라 할 수 있다. 자동차 내부는 비어 있고, 이 빈 공간을 도체인 자동차의 본체가 둘러싸고 있기 때문이다.

자동차를 타고 야외로 나갔을 때 갑자기 천둥 번개가 치면서 소나기가 쏟아진다면 가장 안전한 장소는 다름 아닌 자동차 안이 된다. 만약 자동차가 번개를 맞더라도 그 안에 타고 있던 사람은 죽지 않는다. 왜냐하면 아무리 번개가 고전압이라 할지라도 자동차 내부의 전기장은 0이기 때문이다. 따라서 천둥 번개가 아무리 치더라도 자동차 내부에 머무르고 있다면 가장 안전한 장소에 있는 것이라 할 수 있다.

보고에 의하면 구름은 약 1억~10억 볼트 정도의 전압까지 가질 수 있는 것으로 알려져 있다. 이 정도의 전압을 가진 벼락을 맞고 지구상에서 살아남을 수 있는 생명체는 하나도 없다. 또한 번개는 빛의 속도의 10분의 1 정도로 엄청 빠르기에 피할 수도 없다. 번개가 지나갈 때의 온도는 약 2만 도 이상이나 되기에 순간적으로 다 타버린다. 번개는 또한 뾰족한 곳을 좋아하는데 예를 들어 소나기가 내리면서 번개가 칠 때 인왕산 같은 바위로만 되어 있는 산꼭대기는 번개가 떨어지기에 가장 좋은 장소가 된다.

번개가 생기는 이유는 간단하다. 물방울과 얼음 알갱이로 되어 있는 구름이 상승하다가 서로 마찰을 일으키면 아래쪽은 음전하로 위쪽은 양전하로 대전된다. 이렇게 대전된 구름이 바람에 따라 이동하게 되면 아래쪽의 음전하에 의해 땅 위는 양전하로 대전된다. 그렇게 되면 구름 아래쪽과 땅 위는 기전력의 차이가 생기게 되어 방전이 일어날 수밖에 없다. 이것이 바로 번개 즉 낙뢰가 되는 것이다.

번개가 칠 때 커다란 소리의 천둥이 일어나는 이유는 간단하다. 번개가 칠 때의 전위차가 아주 크기 때문에 3만 도 이상의 고온이 발생하게 되며 이로 인해 공기가 엄청나게 팽창하게 되므로 이 기압이 충격파를 만들면서 엄청난 소리의 천둥이 발생하게 되는 것이다.

수억 볼트에 이르는 번개가 칠 때에도 안전한 곳은 있기 마련이다. 우리는 그러한 안전한 곳이 어디인지를 알아야 하며 예비해 놓아야 한다. 살아가면서 내가 버티지 못할 정도의 갑작스런 엄청난 일이 닥치더라도 어딘가엔 안전한 곳이 있을 것이라 생각해야 한다. 그곳이 어디일지는 각자에 따라 다르다. 힘들면 그곳에 가서 잠시 머문다는 생각을 하면 된다. 아무리 번개가 치더라고 차 안에서 나오지 말고 조금만 기다려보면 그 무서운 번개도 곧 지나가 버리고 만다. 우리 삶에서도 너무나 힘든 일이 갑자기 생긴다면 안전한 곳에서 그냥 잠시 쉰다고 생각하고 지나가기를 기다리는 지혜가 필요하다.

◆ 낙뢰 ◆

39

늑대왕 로보의 슬픔

《시튼 동물기》에 보면 늑대왕 로보에 대한 이야기가 나온다. 나는 솔직히 이 책을 읽으면서 많은 생각을 했다. 무엇보다도 먼저 왜 인간은 동물과 공존할 생각을 하지 않느냐는 것이었다. 동물기를 보면 인간들의 횡포로 인해 수많은 동물이 죽어 나간다. 이야기할 필요 없이 공존이 최선이다. 공존이 깨어지면 인간에게 유리할 것 같지만 자연 전체로 보아 균형이 깨어지는 것과 마찬가지가 된다. 결국 인간에게 부메랑이 되어 돌아올 수밖에 없다. 하지만 인간은 그리 현명하지 못한 존재이다. 욕심을 자제하지 못하기 때문이다. 수많은 동물은 죽어 나갔고 멸종되기에 이른다.

로보는 늑대 중에서도 가장 용맹하고 똑똑한 늑대였다. 백인들에 의한 무자비한 사냥으로 인해 늑대들도 자신들의 먹잇감을 잃어가고 있었다. 이에 늑대들은 생존을 위해 백인들의 가축을 잡아먹지 않을 수 없었다. 백인들은 자신들의 가축을 지키기 위해 늑대 사냥에 나서지만 늑대왕 로보에 의해 백인들의 시도는 종종 실패로 끝나게 된다.

로보는 인간이 늑대를 잡기 위해 만들어 놓은 덫을 교묘히 망가뜨리는 지혜도 있었고, 인간이 사는 지역에 서슴지 않고 나타나 먹잇감을 위해 인간의 가축도 순식간에 물고 가는 용맹도 갖추고 있었다. 인간들은 늑대 무리들을 없애기 위해서는 그의 우두머리인 로보를 잡아야만 한다고 생각한다. 하지만 인간들의 노력에도 불구하고 늑대왕 로보는 잡히기는커녕 인간들을 조롱할 정도의 능력이 있었다.

하지만 로보에게 약점이 있었다. 바로 로보의 짝이며 자신의 새끼를 낳은 하얗고 아름다운 암컷 늑대인 블랑카였다. 사람들은 로보를 잡는 것은 불가능하다고 생각하고 먼저 블랑카를 잡아야 한다는 계략을 세운다. 결국 블랑카는 올가미에 걸려 사람들에 잡혀 죽게 된다. 블랑카를 잃은 로보는 모든 것을 잃은 듯 마음의 평정을 잃는다. 그의 마음속 인간에 대한 분노가 그의 분별력과 판단력을 망쳐버렸다. 그리고 결국 사람들이 놓은 덫에 걸린다. 인간에게 잡힌 로보는 계속 살아가야 할 존재의 이유를 찾지 못한 듯 인간에게 저항하지 않고 그냥 죽음을 기다린다. 비록 늑대였지만 삶에 대한 체념이었다. 털끝 하나 움직이지 않은 채 장엄하게 최후를 맞이했다. 로보는 죽음을 받아들이는 데 있어 주저하지 않았다. 빨리 블랑카가 있는 곳으로 가고 싶었다는 듯이.

"자신을 태운 말이 골짜기의 오솔길을 지나 절벽에 다다라 들판이 보이지 않을 때까지, 눈 한번 깜박이지 않고 줄곧 들판을 바라보고 있었다. 그곳은 로보의 왕국, 지금은 비록 부하들이 뿔뿔이 흩어졌지만, 오랫동안 로보가 지배한 하나의 왕국이었다."

인간만이 생각을 하고 감정이 있는 것이 아니다. 사람만이 사랑을 하고 행복을 추구하는 것이 아니다. 어찌 보면 인간은 굉장히 편협한 생각을 하는 존재인지 모른다. 자신의 입장만을 고수하기 때문이다. 자연의 모든 것이 인간을 위해 주어진 것이라는 착각 아닌 착각을 하면서 살고 있는 것이다. 이 세상은 나 자신, 우리 자신을 위해 존재하는 것이 절대 아니다. 우리는 세상의 극히 일부일 뿐이다. 조그만 개미의 자기희생이 결코 인간의 그것과 다르지 않다. 무서운 것은 자신이 이 세상에서 제일 잘 낫고, 자신이 이 세상에서 최고라고 생각하는 오만과 독선이다. 그것이 모든 것을 망친다는 것을 자신만 모르고 있을 뿐이다.

◆ 늑대왕의 슬픔 ◆

40

아미노산과 이웃

DNA에 저장되어 있는 단백질의 아미노산 배열에 관한 정보를 세포 내의 리보솜에 전달하는 RNA를 mRNA라고 한다. 여기서 m이란 messenger를 뜻한다. 이 mRNA가 가지고 있는 유전 암호를 코돈(codon)이라고 하는데, 이 코돈은 3개의 염기가 한 조를 이루어 하나의 아미노산을 지정한다.

아미노산의 종류는 20가지인데 코돈의 종류는 염기가 4개이므로 4개의 염기가 3개가 짝을 이루기에 4의 3제곱 즉 64가지의 조합이 가능해진다. 하나의 코돈이 한 가지 아미노산을 지정하는 경우도 있지만, 여러 개의 코돈이 한 가지 아미노산을 지정하기도 한다. 하지만 하나의 코돈이 두 가지 이상의 아미노산을 지정하지는 못한다.

염기는 아데닌(A), 구아닌(G), 시토신(C), 우라실(U), 네 종류라는 것은 흔히 알고 있을 것이다. 그리고 mRNA의 염기서열에 따라 단백질을 구성하는 아미노산의 종류와 결합순서가 결정된다. 예를 들어 mRNA의 코돈이 아데닌, 우라실, 구아닌, 즉 AUG일 경우에는 메

티오닌이라는 아미노산이 된다. 하지만 AUG의 마지막 G가 C가 되면 염기 하나 차이로 이소류신이라는 아미노산으로 된다. 즉, 3개의 염기로 이루어진 코돈이 어떤 조합이냐에 따라 아미노산의 종류가 완전히 달라지는 것이다.

1961년 마셜 니렌버그(Marshall Nirenberg)는 미국 국립보건원에서 몇몇 코돈에 의해 지정되는 아미노산을 최초로 밝혀내는 실험을 했다. 그는 미국 뉴욕에서 태어난 유대인이었는데 그의 아버지는 양복 재단사였다. 어릴 때 병을 앓아 따뜻한 곳에서 지내야 한다는 의사의 권유에 따라 뉴욕에서 플로리다로 이사를 했고, 플로리다 주립대학을 졸업한 후 국립보건원에서 연구하다가 이를 발견하였다. 이 발견은 그가 1968년 노벨 생리의학상을 받게 해주었다.

3개의 염기로 이루어진 코돈은 자연에 있어 그 이웃이 얼마나 중요한지를 보여준다. 그 이웃이 어쩌면 본성과도 같은 것인지도 모른다. 예를 들어 코돈 GUU는 아미노산 발린을 지정하지만, GCU는 발린과는 완전히 다른 알라닌을 지정한다. 또한 GAU는 이 둘과도 완전히 다른 아스파르트산을 지정한다.

이웃은 본질과도 같은 것이 아닌가 싶다. 이웃이 무엇이냐에 따라 완전히 다른 본성의 아미노산이 생성되는 것이다. 이를 달리 말하면 이웃에 의해 나의 본성도 변할 수 있다는 뜻이다.

나와 함께 하는 사람은 누구일까? 지금 내 주위에 있는 사람들은 누구일까? 그는 나에게 선한 영향을 미치고 있는 것일까? 나는 그에게 어떤 영향을 주고 있을까? 그런 주고받음으로 인해 나의 본성, 그리고 그의 본성이 변하는 것은 아닐까? 물론 조금 과장된 상상일지는 모르나 결코 무시할 수도 없는 사실일 수 있다. 나의 이웃이 나를 변화시키고, 내가 나의 이웃을 변화시킬 수 있다는 뜻이다.

하지만 분명한 것은 mRNA에서 3개의 염기로 이루어진 코돈은 아미노산 자체를 결정한다는 사실이다. 그 이웃이 무엇이냐에 따라 완전히 다른 아미노산이 될 수 있다. 이웃이 본질에 영향을 미친다는 것은 결코 mRNA에만 해당되지는 않을 것 같다는 생각이 드는 이유는 무엇일까?

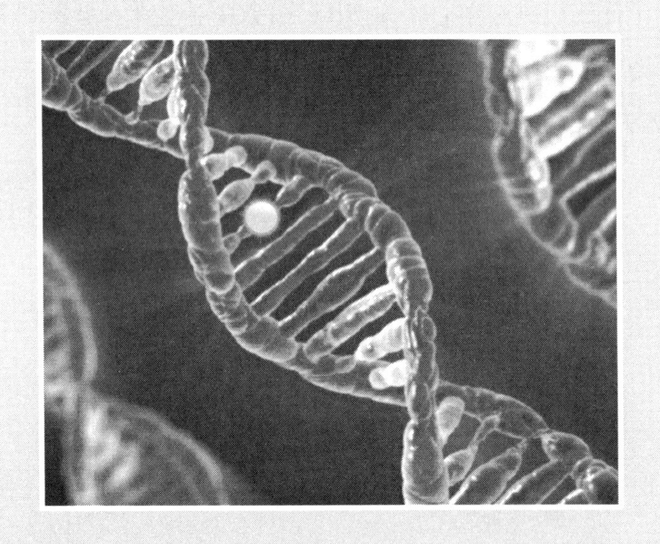

◆ 염기서열과 그 이웃 ◆

41

뮤온의 세계

뮤온은 전자와 전하량은 같지만, 질량은 전자의 207배 정도 되는 입자이다. 뮤온은 지구 밖의 우주에서 오는 복사선이 대기 중에 있는 원자와 충돌할 때 발생된다. 보통 실험실에서 느리게 움직이는 뮤온의 수명은 약 2.2 마이크로세컨드(10의 마이너스 6승 초) 정도 된다.

실험실이 아닌 우주 복사에 의해 생긴 뮤온은 빛의 속력에 아주 가까운 속력으로 움직인다. 알려진 바에 의하면 이러한 뮤온의 속력은 빛의 속력의 약 99.97 % 정도 된다. 따라서 실험실에서 측정한 뮤온의 수명과 뮤온의 속력을 곱하면 뮤온이 붕괴되기까지의 거리는 약 660 m 정도가 나온다. 이 정도의 거리는 대기 중의 높은 위치에서 발생한 뮤온이 지표면까지 도달하기에는 너무나 짧은 거리이다.

하지만 예상외로 우주 복사에 의해 대기의 높은 위치에서 발생한 뮤온 중 상당수가 지표면에 도달하는 것이 관측된다. 그 이유는 무엇일까?

이 미스터리 같은 현상은 아인슈타인의 상대성이론에 의해 해결될 수 있다. 빛의 속력에 가까울 정도로 빠르게 움직이는 입자는 시간이 늘어나게 되면서 뮤온의 수명이 더 증가하게 되는 것이다. 이것이 바로 뉴턴의 근대과학에서 가장 중요한 전제 사실인 시간의 절대성이 붕괴되는 가장 좋은 실험적 예가 된다.

빛의 속력에 가까운 빠르기로 운동하는 뮤온이 이동한 거리를 상대성 이론을 적용하여 계산하면 약 27,000 m 정도 된다. 이 거리는 뮤온이 생성되는 지표면 위의 일반적인 높이보다 훨씬 더 커서, 우주복사에 의해 발생한 뮤온이 지표면에 충분히 도달할 수가 있는 것이다. 이러한 이론적인 계산 결과는 1976년 스위스 제네바에 있는 유럽입자 가속기 연구소에서 실험적으로도 증명되었다.

전자같이 아주 작은 뮤온에게도 어떤 상황이냐에 따라 그 세계가 달라진다. 즉 세계는 상대적이라는 뜻이다. 이렇게 보이지도 않을 정도의 입자의 세계도 상대적인데 우리 인간의 세계는 어떠할까? 나 아닌 다른 사람의 세계는 내가 이해할 수 없는 완전히 다른 세계일 수 있다. 나의 기준과 생각으로 그 사람을 이해한다는 것은 어쩌면 불가능한 것인지도 모른다. 내가 이해가 되지 않는다고 해서 그 사람을 미워하는 것은 무슨 의미가 있을까? 내가 생각하는 것과 그 사람이 다르다고 해서 그가 비난을 받아야 할까? 나의 기준과 그 사람의 기준이 다르다고 해서 비판받아야 하는 것일까? 뮤온의 세계도 이렇게 상대적일진대 하물며 나와 다른 사람의 세계는 이해할 수 없는 것이 어쩌면 당연한 것인지도 모른다.

◆ 세계는 상대적이다. ◆

42

바이러스와 세균의 입장에서는

알베르 까뮈의 소설 《페스트》는 유행병의 무서움을 여실히 보여주는 이야기이다. 페스트는 중세 시대 유럽을 초토화시켰던 인류 역사상 가장 무서웠던 유행병이었다. 유럽 전체 인구의 삼분의 일이 사망하였다. 우리나라에서는 이 병에 걸리면 사람이 죽을 때 피부가 검은색으로 변하며 죽어가기에 흑사병으로도 알려져 있다.

소설에서는 북아프리카 알제리의 어느 한 도시에서 페스트가 발병하는 것으로부터 시작해서 많은 사람이 죽어 나가고 페스트가 약해지면서 사라지는 전 과정의 이야기를 담고 있다.

"4월 16일 아침, 의사 베르나르 리외는 진찰실을 나서다가 계단 한복판에 죽어 있는 쥐 한 마리에 걸려 넘어질 뻔했다. 당장에는 특별한 주의를 기울이지 않은 채 그 동물을 발로 밀어 치우고 계단을 내려왔다. 그러나 거리에 나서자 문득 쥐가 나올 곳이 아니라는 생각이 들어 발길을 돌려 수위에게 가서 그 사실을 알렸다."

페스트의 원인은 페스트균으로 주로 쥐와 같은 설치류를 통해 감염되는 것으로 알려져 있다. 하지만 어떤 문헌에서는 세균이 아닌 바이러스로 인한 것이라는 주장도 있다. 잠복기는 일주일도 안 되는 것으로 알려져 있으며 치료를 하지 않을 경우 병은 급속히 진행되어 심하면 사망에 이른다.

"그러나 그 뒤 며칠이 지나자 사태는 점점 더 악화되었다. 죽은 쥐들의 수는 날로 늘어만 갔고 수집되는 양도 매일 아침마다 더욱 많아졌다. 나흘째 되는 날부터 쥐들은 떼를 지어서 거리에 나와 죽었다. 집안의 구석진 곳으로부터, 지하실로부터, 지하창고로부터, 수챗구멍으로부터 쥐들은 떼 지어 비틀거리면서 기어 나와 햇빛을 보면 어지러운지 휘청거리고, 제자리에서 돌다가 사람들 곁에 와서 죽어버렸다."

소설에서는 병이 급속도로 전염되어 짧은 기간 안에 수많은 사람에게 전염되어 도시 전체가 마비되기에 이른다. 인류의 역사에 있어 대 유행병은 항상 있어 왔다. 흑사병은 천연두와 더불어 인류에게 가장 피해를 많이 준 유행병이다. 이러한 일은 언제 어디서나 일어난다. 미래에도 예외가 없을 것이다.

"리외는 환자가 윗몸을 침대 밖으로 내민 채, 한 손은 배에 또 한 손은 목덜미에 대고 대단히 힘을 쓰면서 불그스름한 담즙을 오물통에다 게우고 있는 것을 보았다. 오랫동안 애쓴 끝에 거의 숨이 막힐 지경이 되어서 수위는 다시 자리에 누웠다. 체온이 39.5도였고 목에는 멍울이 잡혔으며 팔다리가 붓고 옆구리에 거무스름한 반점 두 개가 퍼져가고 있었다."

유행병이 커다란 문제 중 하나는 우리가 준비되지 않은 상태에서 그러한 무서운 병과 싸워야 한다는 것이다. 이로 인해 유행병 초창기에는 수많은 사람들이 희생되어 왔다. 새로운 유행병에 대해 인간은 손도 제대로 써보지도 못하고 수많은 인명피해를 입을 수밖에 없었다. 유행병이 무서운 것은 인간의 일상이 전체적으로 파괴되기 때문이다. 정상적인 생활을 해 나갈 수가 없다. 인간이 위대한 존재라 생각하는 것은 착각이다. 눈에 보이지도 않는 작은 바이러스나 세균을 정복하는 것은 거의 불가능에 가깝다.

"첫 더위가 매주 700에 가까운 숫자를 기록하는 희생자 수의 급상승과 일치했기 때문에 우리 시는 일종의 절망에 사로잡히게 되었다. 변두리 지역의 보도가 없는 거리와 테라스가 있는 집들 사이에서도 활기가 눈에 띄게 줄었고, 주민들이 항상 문 앞에 나와서 살던 동네도 문이란 문은 모두 닫히고 덧창들마저 첩첩이 잠겨 있어서 햇빛을 막으려고 그러는 것인지 아니면 페스트를 막으려는 것인지 알 수 없었다. 시의 출입문에서 소동이 벌어지면 헌병들이 무기를 사용하지 않을 수 없게 되었고, 그로 인해서 어딘지 어수선한 동요가 생겼다."

시간이 지나면 유행병은 유행처럼 사라지기 마련이다. 하지만 이러한 질병의 끝은 없다. 새로운 질병이 언제 어디서 나타날지 모른다. 인간의 입장에서는 이러한 바이러스와 세균이 하루빨리 사라지길 바란다. 하지만 바이러스나 세균의 입장에서는 자신의 세력을 더욱 넓혀야 종을 유지시킬 수가 있고, 인간의 백신이나 치료제에 대응해 새로운 돌연변이가 나타나야 살아갈 수가 있다.

"사실, 시내에서 올라오는 환희의 외침 소리에 귀를 기울이면서, 리외는 그러한 환희가 항상 위협을 받고 있다는 사실을 떠올리고 있었다. 왜냐하면, 그는 그 기뻐하는 군중이 모르고 있는 사실, 즉 페스트균은 결코 죽거나 소멸하지 않으며, 그 균은 수십 년 간 가구나 옷가지들 속에서 잠자고 있을 수 있고, 방이나 지하실이나 트렁크나 손수건이나 낡은 서류 같은 것들 속에서 꾸준히 살아남아 있다가 아마 언젠가는 인간들에게 불행과 교훈을 가져다 주기 위해서 또다시 저 쥐들을 불러내 어느 행복한 도시로 그것들을 몰아넣어 거기서 죽게 할 날이 온다는 것을 알고 있었기 때문이다."

페스트가 사라짐으로 인해 사람들은 좋아하지만, 페스트가 다시 유행할지도 모른다. 아니, 더 무서운 유행병이 나타날 수도 있다. 바이러스와 세균이 무서운 것은 너무나 쉽게 돌연변이가 나타나기 때문이다. 그들은 스스로 새로운 종들을 계속해서 만들어낸다. 인간은 그 새로운 종을 예측할 수도 없다. 새로운 바이러스에 대해 백신을 쉽게 만들지 못할 수도 있다. 에이즈가 나타난 지 40년이 지났지만 아직 백신은 만들어지지 않았다. 단지 치료제만 있을 뿐이다. 새로이 나타나는 세균에 대해 미리 항생제를 만들어 놓을 수도 없다. 어떤 세균인지를 알아야 항생제를 만들며, 만들어 놔도 세균은 거기에 대한 대항력을 갖춘다. 그리고 항생제를 무용지물로 만드는 또 다른 새로운 종을 만들어 낸다.

바이러스와 세균에 대한 인간의 싸움은 영원히 끝날 수가 없다. 바이러스와 세균의 입장에서는 인간이 많이 감염되어 죽어야 자신의 생존이 가능해지는 것이다. 인간의 방어에 그들은 새로운 돌연변이를 만들어 내며 번식하고 종을 유지시킨다. 인간의 패배가 그들에게는 승리일 수밖에 없다. 이 끝날 수 없는 전쟁에서 누가 최후의 승자가 될지는 알 수가 없다.

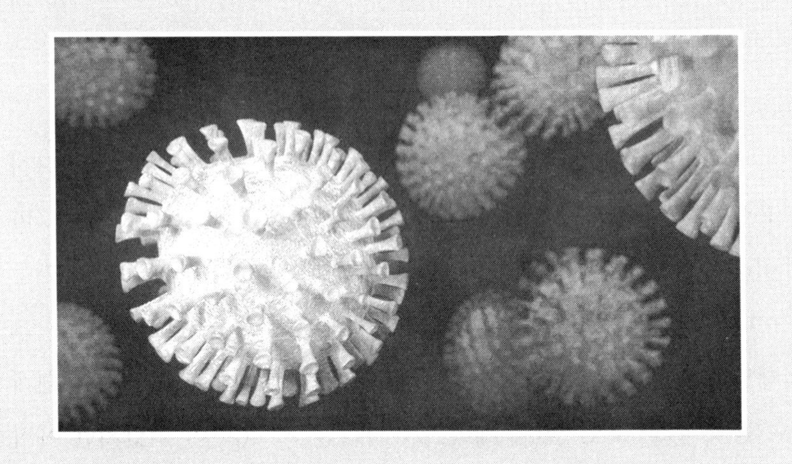

◆ 바이러스도 생존을 원한다. ◆

43

소금쟁이는 어떻게 물에 뜰까?

소금쟁이는 왜 이름이 그렇게 붙여진 것일까? 소금쟁이의 생김새를 가만히 보면 예전 소금 가마니를 지고 다니던 소금 장수와 비슷하기 때문이다. 소금 장수가 소금을 지고 물을 건너가다가 물에 빠지면 소금은 다 녹고 말 텐데 소금쟁이처럼 물에 빠지지 말라는 뜻에서 그렇게 이름을 지은 것일까? 그래서 그런 것인지 몰라도 소금쟁이는 물에 빠지지 않는다.

어떻게 해서 소금쟁이는 물에 빠지지 않고 물 위에 뜰 수 있는 것일까? 소금쟁이를 잘 관찰해 보면 물 위 뜨는 정도가 아니라 물 위에서 빠르게 뛰어다니기도 한다. 어떻게 이것이 가능한 것일까?

이 비밀은 바로 소금쟁이의 몸에 나 있는 잔털에 있다. 소금쟁이의 발을 자세히 관찰해 보면 아주 작은 잔털이 수백 개나 나 있다. 발에만 그런 털이 있는 게 아니라, 온몸에 그러한 잔털이 가득하다. 그런데 특이한 것이 이 잔털이 모두 발수성이라는 것이다.

게다가 소금쟁이의 다리는 그 체격에 비해 상당히 길어서 체표

면적을 넓히는 효과를 주게 되어 상당히 가벼운 소금쟁이의 체중마저 분산시킬 수 있다.

물에는 표면장력이라는 힘이 존재한다. 이 표면장력은 액체의 표면이 스스로 수축해 가능한 한 작은 면적을 취하려는 힘이다. 이러한 물의 표면장력은 소금쟁이의 다리가 물 위에 쉽게 떠 있을 수 있게 만들고, 소금쟁이의 기다랗고 가느다란 다리는 그 체중을 골고루 분산되게 만든다.

소금쟁이는 발뿐만이 아닌 온 몸에 나 있는 발수성 잔털로 인해 물이 몸에 젖지 않게 되어 물에 있을지라도 체중이 가볍게 유지될 수 있다.

소금쟁이는 물 위에서 어떤 경우라도 계속 뛰어다닐 수 있을까? 그런 것은 아니다. 만약 물에 다른 이물질이 섞여 있으면 문제가 생긴다. 물에 기름이나 다른 액체가 섞이게 되어 소금쟁이가 그러한 물질에 닿게 되면 소금쟁이도 물에 빠져서 가라앉을 수밖에 없게 된다.

우리는 물이라고 하면 모든 것이 물에 가라앉는다고 생각한다. 소금쟁이 같은 것을 보고 나서야 그렇지 않다는 것을 알게 된다. 왜 꼭 보고 나서야 그러한 사실을 인정하고 믿는 것일까? 만약 소금쟁이를 평생 본 적이 없는 사람에게 물 위를 뛰어다니는 생명체가 있다고 하면 그가 믿을 수 있을까? 아마 거의 믿지 않을 것이다. 우리가 직접 보고 듣고 경험하지 않은 것일지라도 상상하지 못하는 일들은 언제건 어디서건 일어날 수 있는 것이다. 나만의 세계에 갇히지 않기 위해서는 모든 가능성을 열어놓아야 할 필요가 있다.

◆ 소금쟁이 ◆

44

삶의 불확실성

베르너 하이젠베르크는 1901년 독일 뷔르츠부르크에서 태어나 뮌헨 대학에서 물리학과 수학을 공부하였다. 그곳에서 만난 스승이 바로 좀머펠트 교수였다. 실험에 재능을 보이지 못한 하이젠베르크에게 좀머펠트는 이론 물리학에 집중하라 조언하며 그의 재능을 이끌어 낸다. 하이젠베르크는 박사학위를 받기 위한 시험에서 빈이 출제한 물리학 실험에 관한 문제를 하나도 답하지 못해 학위를 받지 못할 위기에 처하게 된다. 하지만 스승이었던 좀머펠트는 빈을 적극 설득하고 빈은 실험에서 하이젠베르크에게 합격선의 최저점을 부여하여 간신히 박사학위를 받는다.

그 후 하이젠베르크는 괴팅겐 대학으로 가 막스 보른 밑에서 수학을 집중적으로 공부한다. 1년 후 좀머펠트 교수의 주선으로 코펜하겐의 보어에게 가서 함께 연구할 기회를 얻는다. 보어와 연구하던 중 그는 질병에 걸려 휴양차 코펜하겐을 떠나 홀로 지내야 했는데, 이 시기가 그의 인생에서 몰입을 할 수 있는 기회였다. 그의 책 《부분과 전체》에서 베르너 하이젠베르크는 당시를 회상한다.

"1925년 말에 나는 아주 불쾌한 고초열병에 시달리게 되었다. 나는 도리 없이 보른에게 2주일 동안의 휴가를 얻을 수밖에 없었다. 고초열병을 완치하기 위하여 나는 헬골란트섬으로 여행을 하면서 바다 공기를 마시기로 했다. 헬골란트에 도착하였을 때는 얼굴이 부어올라 참으로 비참한 몰골을 하고 있었다. 내가 든 방은 아랫마을과 그 후면에 있는 모래사장과 바다를 한 눈으로 내려다볼 수 있는 곳에 자리 잡은 여관의 3층이었다."

하이젠베르크에게 이 몰입의 시간은 그의 인생의 전환점이 되었다. 좀머펠트, 보른, 보어 밑에서 많은 것을 배우고 무언가를 할 수 있는 준비된 바탕하에 자신만의 창조적 시간이 그에게 주어졌던 것이다. 그는 이 기간동안 양자역학의 가장 중요한 틀인 행렬역학을 만들어 낸다. 페스트가 유행하던 시기, 2년여의 휴교기간 동안 아이작 뉴턴이 자신의 모든 것을 집중하여 운동의 법칙과 미적분을 만들어 낸 것과 유사하다.

"어느 날 밤, 에너지의 표, 즉 요즘의 언어로 말하면 에너지 행렬의 각각의 항을 오늘날의 척도로 보면 매우 복잡하고 번잡하지만, 계산을 통해서 표현할 수 있는 경지에까지 이르렀다. 최초의 1항으로서 에너지의 법칙이 확증되었을 때 나는 일종의 흥분상태에 빠져서 다음 계산이 자꾸 틀리곤 하였다. 그래서 그 계산의 최종 결과가 나온 것은 새벽 3시가 가까워서였고, 모든 항에서 에너지의 법칙이 타당한 것으로 증명되었다. 그래서 나는 수학적으로 아무런 모순이 없는 완전한 양자역학이 성립되었다는 사실을 더 이상 의심할 수가 없었다. 처음

순간, 나는 참으로 놀라지 않을 수 없었다. 모든 원자 현상의 표면 밑에 깊숙이 간직되어 있는 내적인 아름다움의 근거를 바라보는 느낌이었다."

또한 스승인 좀머펠트의 도움으로 당대 최고의 물리학자인 알버트 아인슈타인과 만나게 되었고, 그와 오랜 시간 물리학에 대해 깊이 있는 토론을 할 수 있는 기회를 얻게 된다.

"1927년 어느 날 밤 자정쯤이었을 것으로 생각되는데, 나는 갑자기 아인슈타인과 나눈 대화 가운데서 아인슈타인의 말, 즉 '이론이 비로소 사람들이 무엇을 볼 수 있는가를 결정한다'는 말을 기억해 냈다. 나는 아인슈타인의 이 표현을 숙고하기 위해 팰레트 공원으로의 심야 산책을 감행하였다. 우리는 안개상자 안에서 전자의 궤도를 볼 수 있다고 너무 경솔하게 말해 온 것이 아닐까? 아마도 사람들이 실제로 관찰할 것은 훨씬 적은 것이었을지도 모르는 일이며, 부정확하게 결정된 전자 위치의 불연속적인 한 줄기 결과만을 인지할 수 있는지도 모를 일이다."

그리고 그는 현대물리학에서 가장 중요한 "불확정성 원리"를 알아내게 된다. 뉴턴의 물리학에서 알려져 있는 입자의 위치와 운동량은 어떤 상태에 있든지 항상 동시에 정확하게 측정할 수 있다는 것을 완전히 뒤집어 놓는 이론이었다. 고전역학의 가장 중요한 전제 사실이 하이젠베르크의 이론으로 붕괴되어 버린 것이다. 그리고 그는 1932년 31세라는 젊은 나이로 노벨 물리학상을 수상하게 된다.

불확정성 원리의 핵심은 한 개의 양이 아닌 두 개의 양에 대한 것이다. 위치와 운동량, 에너지와 시간, 이 두 개의 양을 동시에 정확하게 측정이 불가능하다는 것이다. 만약 입자의 위치를 정확하게 측정하려다 보면 운동량의 값은 더욱 불확실하게 되고, 시간을 보다 정확하게 측정하려다 보면 에너지의 불확실성이 커지게 된다. 두 개의 양을 거의 비슷한 불확정도를 가지고 측정하고자 하면 어느 최소값 이상은 또한 불가능하다. 이 이론이 현대물리학의 가장 근본적인 중추가 되었다. 절대성이라는 뉴턴물리학의 근간을 무너뜨렸기 때문이다.

자연의 원리를 노자는 "道"라 칭했다. 이는 시공간에 존재하는 모든 것에 해당하는 것이라 생각된다. 인간도 예외가 아닐 것이다. 자연의 길을 따를 때 우리의 많은 문제가 해결된다. 원자핵 주위를 도는 전자만이 불확정성 원리가 적용되는 것은 아니다. 우리 인간도 이 원리를 우리 생활에 적용할 필요가 있다. 자연의 길 즉, "道"를 따를 필요가 있다.

우리 주위의 대부분의 사람들은 자신이 항상 옳고 다른 사람은 옳지 않다고 주장하는 경우가 너무나 많다. 자신의 생각은 어디까지 옳은 것일까? 다른 사람은 전부 다 틀린 것일까? 나의 생각이 전부 옳다고 주장하는 것 자체가 자연의 원리를 배제하는 오만이다. 무엇이 항상 옳다는 것은 이 세상에 아예 존재하지 않는다. 나의 생각이나 나의 주장이 어느 정도는 옳지 않을수도 있다고 생각하는 것이 바로 어쩌면 진정으로 옳은 생각이라 해야 하지 않을까? 만약 그렇지 않다면 자신의 주장을 어떻게든 관철시키기 위해 모든 수단과 방법을 가리지 않게 되고 진실과 참된 선은 이로 인해 무너져 버리고 만다. 내가 현재 생각하고 판단하는 것으로 다른 사람을 무시하고 비판하는 것은 그만큼 자연의 길을 따르지 않고 있는 것이다.

나는 요즘 자신을 그리 내세우지 않고 강하게 주장하지 않는 사람들이 그립다. 겉으로 봐서는 그는 똑똑해 보이지도 않고 잘나 보이지 않지만, 그런 사람과 시간을 함께 하는 것이 편하다. 자신의 주장을 관철시키기 위해 모든 것을 다 동원하는 사람들이 무섭다. 자신이 알고 있는 것이 불확실할지도 모른다는 아량을 가지고 있는 사람들이 드문 현실이 서글프기도 하다. 세상에 절대적인 것은 없다. 자연이 불확정한 것을 원리로 삼듯, 우리의 삶에도 불확실성이 있다는 것을 인정해야 하지 않을까?

45

동충하초의 비밀

동충하초(冬蟲夏草)는 분명 식물이다. 약재로도 많이 사용된다. 옛날 중국에서 진시황과 양귀비도 이를 즐겨 먹었다고 하며 굉장히 귀한 약초로 알려져 있다. 왜 이름이 동충하초일까?

한문으로 보면 겨울에는 벌레, 여름에는 풀이라는 뜻이다. 이 이름이 어떻게 해서 붙여진 것일까? 동충하초는 사실 곤충을 숙주로 삼는 일종의 균류에 해당하는 버섯이다. 이 버섯의 포자가 바람을 타고 날아가 살아 있거나 죽어 있는 벌레에 자리를 잡으면 그 벌레를 숙주로 기생하는 것이다.

벌레의 겉껍질이 딱딱하기는 하지만 동충하초의 포자가 벌레의 껍질에 내려앉으면 거기서 자란 균사가 효소를 분비하여 곤충의 껍질을 녹이고 곤충의 몸 안으로 균사를 뻗어 그 속살로부터 영양분을 빨아들이게 되고 그 곤충은 결국 껍데기만 남게 된다.

동충하초가 기생하는 곤충도 여러 가지이다. 매미, 귀뚜라미, 나비, 딱정벌레, 메뚜기 등 여러 종류의 곤충에 그 포자가 달라붙는다.

그뿐만 아니라 곤충의 번데기나 애벌레에도 끔찍할 정도로 달라붙는다. 일단 곤충이나 그 애벌레에 달라붙으면 천천히 자신의 균사를 그들 몸속으로 박아서 기생하기 시작한다. 그렇게 겨울엔 천천히 자신의 영양분을 빨아들이기 때문에 그냥 곤충 그 자체로 보일 수밖에 없다. 하지만 겨울이 지나고 나면 숙주였던 곤충이나 애벌레는 결국 속살을 다 빼앗기고 껍데기만 남긴 채 죽고 봄이 어느 정도 지나 여름이 되면 우리가 보기에 약초처럼 되는 것이다.

나는 사실 동충하초를 먹지 않는다. 겉으로 보기엔 약초나 식물같아 보이지만 나에게는 그것이 곤충의 속살이 변해버린 것으로 보이기에 너무 징그럽기 때문이다. 요즘엔 동충하초가 마시는 차로도 먹는 환약으로도 많이 팔리고 있지만 내 눈에 결코 아무리 모습이 약초같이 생겼더라도 먹을 엄두가 나지 않는다. 사실 비위가 약해서 다른 영양식 같은 것도 아예 먹지 못하기도 한다. 고기를 좋아하지도 않을 뿐더러, 돼지고기나, 닭, 소고기만으로도 충분한데 굳이 다른 것을 먹을 필요를 느끼지 못한다.

◆ 번데기가 숙주였던 동충하초 ◆

◆ 매미가 숙주였던 동충하초 ◆

중국에서는 이 동충하초를 인삼, 녹용과 더불어 3대 약재라 하여 만병통치약으로 취급한다고 한다. 현대 한의학에서도 그 성분을 분석해 보니 여러 가지로 좋은 성분이 많다고 한다는데 나는 그래도 별로 먹고 싶은 마음은 없다. 모든 것은 마음먹기에 달려 있다고 마음을 바꾸면 될 것 같기도 하지만 어릴 때 강아지나 곤충하고 재미있게 놀았던 기억으로 인해 마음 바꾸는 것이 그리 쉽게 되지는 않을 것 같다.

가만히 생각해 보면 동충하초는 곤충이 식물로 변해 버린 것이다. 갑자기 불교에서 말하는 윤회라는 것이 생각이 났다. 곤충이 식물로 다시 태어난 것일까? 그 동충하초를 먹는 사람은 그 동충하초였던 식물이 사람의 일부로 되는 것일까? 세상은 그렇게 돌고 도는 것일까? 물론 내가 죽으면 아마 내 몸의 성분이 산산이 흩어져 어디론가 가버릴 것은 분명하다. 하지만 분명히 그것이 지금의 나는 아닐 것이다. 나라는 존재는 지금 이 자리에 있는 것일 뿐이다. 그래서 지금이 나에겐 중요할 수밖에 없다. 나의 존재는 그저 유한하며 더 이상을 바라고 싶은 마음도 없고 이 세상에서 사는 몇십 년으로 만족하고 싶다.

◆ 귀뚜라미가 숙주였던 동충하초 ◆

46

지구는 왜 자전할까?

우리가 살고 있는 지구는 태양을 중심으로 1년에 한 바퀴 공전하고 또한 하루에 한 바퀴 자전한다. 운동이란 원인이 있어야 하는데 지구같이 반지름이 6,400 km 정도가 되고 어마어마하게 무거운 물체가 이렇듯 스스로 자전하게 되는 이유는 무엇일까? 지구가 자전할 수 있도록 해주는 그 원인이 되는 힘은 도대체 어디서 나오는 것일까? 현재 지구 외부에서 누군가가 지구를 계속해서 돌려 주고 있는 것도 아닐 텐데 말이다.

이 문제를 풀어낼 수 있는 것은 현재 지구의 상황을 보아서는 어떤 힌트도 얻어낼 수 없다. 그만한 크기의 원인의 힘이 지구 근처 그 어디에서도 찾아볼 수 없기 때문이다. 공전이야 태양과 지구의 만유인력 때문이지만, 도대체 어디서 얼마만한 힘이 지구에 작용하고 있길래 지구는 하루에 한 바퀴 계속해서 돌고 있는지 궁금하지 않을 수 없다.

또한 지구의 자전 속력을 계산하면 그 수치가 어마어마하다. 쉽게 계산해서 지구 적도에 위치하고 있는 경우 하루에 운동하는 거리는 지구 반지름에 해당하는 원둘레이고 이를 하루 만에 돌고 있으므로 지구 적도에 서 있는 사람의 자전 속력은 무려 시속 1,670 km에 해당한다. 우리나라가 위치하고 있는 중위도 정도로 해서 계산을 하면 약 시속 1,300 km 정도가 된다. 전투기의 속력을 생각할 때 많이 사용하는 마하의 속도로 하면 마하 1이 약 1,224 km/h이므로 웬만한 보통 전투기의 속력으로 지구는 자전하고 있는 것이다. 쉽게 말해서 경부고속도로에서 달리는 자동차보다 무려 13배 빠른 속도로 우리는 지구 위에서 계속 팽이 돌 듯 돌고 있다는 뜻이다.

이 거대한 지구를 그토록 빠르게 자전하게 하는 힘이 도대체 어디서 나오는 것일까? 현재에서 그 해답을 찾아내기 힘들다면 현재가 아닌 다른 시간으로 여행을 해서 그 힌트를 찾을 수는 없는 것일까? 미래로는 아무런 의미가 없다. 이미 지구는 과거부터 자전하고 있었기 때문이다. 그렇다면 과거로 시간여행을 해보면 지금 풀 수 없는 문제를 해결할 수 있는 힌트를 얻을 수 있지 않을까?

그럼 지구가 태어날 때쯤으로 여행을 떠나보자. 그 당시로 직접 돌아갈 수는 없으니 현재 다른 행성들이 생기는 것을 연구하고 그것을 바탕으로 일반적인 태양계 내에서 행성들이 어떻게 태어나는지를 알아본다면 우리가 목표로 하는 답안을 어느 정도는 찾을 수 있을지도 모른다.

그럼 결론은 일반적인 행성이 생기는 메커니즘부터 이해할 필요가 있다. 우리 태양인 별이 생기는 것은 이미 많이 알려져 있다. 그럼 행성은 일반적으로 어떻게 해서 생기는 것일까?

우주 공간의 태양계 내에서 지구와 같은 행성이 생기는 것은 지구가 생기기 시작할 당시 가스와 먼지가 서로 엉겨 붙기 시작해야 가능해진다. 초기에는 아주 작은 반경이 얼마 안 되는 미행성에 불과하지만 일단 이런 미행성이 생기기 시작하면 만유인력에 의해 다른 가스와 먼지도 빨아들이기 시작한다. 이러한 만유인력으로 인해 다른 가스와 먼지들이 모이기 시작하는 과정에서 일부가 서로 충돌하게 되고 이러한 충돌로 인해 여러 가지 물질들은 그 만유인력의 작용되는 중심을 기준으로 회전하기 시작한다. 그러한 회전이 일단 시작이 되면 그 회전의 방향으로 다른 모든 물질도 따라서 회전할 수밖에 없다. 시간이 지나면서 더 많은 가스나 먼지 그 외의 다른 입자들까지 끌어들이면서 점점 더 많은 물질로 커지게 되고 이 모든 물질이 다 함께 회전할 수밖에 없게 된다. 또한 지구의 공전 방향과 같은 방향인 서쪽에서 동쪽으로 자전 방향도 결정된다. 더 많은 입자가 만유인력 중심으로 흡수되면 더 많은 충돌이 일어나게 되고 그로 인해 자전의 속도는 계속해서 증가할 수밖에 없게 되는 것이다.

그런데 이 시점에서 하필이면 왜 태양계 내의 모든 행성의 공전 방향이 서쪽에서 동쪽인지 의문이 생길 수 있다. 이것은 우연이라고 밖에 할 수 없다. 태양이 처음 생기기 시작할 때 태양 중력에 의해 태양 주위에 있던 물질들이 우연히 서쪽에서 동쪽으로 움직이기 시작했고, 그렇게 한 번 시작된 운명은 더 이상 거스를 수가 없게 된다. 태백산맥 꼭대기 위에 있던 구름에서 비가 내리기 시작하여 몇 센티미터 차이로 어떤 빗방울을 서쪽으로 떨어지고 어떤 빗방울은 동쪽으로 떨어져서 완전히 다른 길로 가는 것은 우연이라고 할 수밖에 없다.

◆ 태양계의 공전과 자전 ◆

그때 만약 바람이 조금만 더 세게 불면 그 우연이라는 운명이 달라질 수도 있는 것과 마찬가지이다.

물론 태양계의 모든 행성은 서쪽에서 동쪽으로 자전하는 것은 아니다. 행성마다 기울어진 축의 방향도 다르고 그 행성 자체가 생길 때의 그 위치에서의 상황이 다르므로 조금 달라질 수 있다. 예를 들어 금성의 경우는 지구와 반대 방향으로 자전하고 있다. 금성이 생기기 시작할 때의 그 상황은 지구와 다른 방향으로 회전하기 시작했기 때문이다.

어쨌든 우리가 살고 있는 지구는 서쪽에서 동쪽으로 태양을 중심으로 공전을 하면서 그동안 47억 년이 지나 현재 지구는 지금의 평균 시속 1,300 km로 자전하고, 평균 시속 108,000 km라는 속도로 태양 주위를 공전하고 있는 것이다.

이런 이유로 자연에서의 우연은 필연이라고 하기도 하는 것이다. 우리가 누구를 만나는 것이 우연인 것 같지만 그것은 결국 필연일 수도 있는 것이다. 원하건 원하지 않건 그것은 나의 영역이 아닌 것이다.

47

반딧불이는 왜 빛이 날까?

여름이나 초가을에 반딧불이를 잡아본 적이 있다. 요즘엔 어디를 가도 반딧불이를 전혀 찾아볼 수 없다. 반딧불이는 정말 깨끗한 곳이 아니면 서식하기 힘들다.

반딧불이는 잡는 것은 생각보다 엄청 쉽다. 그냥 날아다니는 것을 손으로 움켜잡으면 내 손안으로 들어 온다. 잡힌 반딧불이를 보면 내 손에서 반짝반짝 거린다. 잡을 때마다 그것을 보면 실로 너무 예쁘고 신기하다. 요즘엔 아마 아주 산골에 가서도 보기 힘들 것이다. 영화 "클래식"에 보면 남자 주인공이 여자 주인공에게 냇가에서 반딧불이를 잡아 손안에 든 것을 보여주는 장면이 나오는데 실제로 정말 그렇게 손쉽게 잡을 수 있는 것이 반딧불이다.

어릴 때 산으로 들로 수많은 곤충을 잡으러 돌아다녀 봤다. 매미, 잠자리, 찌개 벌레, 풍뎅이, 여치, 사마귀, 물방개, 물장군, 소금쟁이, 방아깨비, 메뚜기, 잠자리, 나비 등 수십 종의 곤충들을 잡아봤지만, 반딧불이 잡을 때의 순간이 가장 멋지고 아름다웠다.

초저녁 반딧불이를 잡아 내 손안에서 반짝이는 모습을 보면 너무 예뻐서 그 모든 것을 한순간 잊어버리고 그 반짝거림에 빠져 황홀했던 기억이 지금도 생생하게 난다.

반딧불이는 꽁지 부분에서 반짝거린다. 어떻게 해서 그 조그만 곤충의 꼬리에서 그러한 빛이 계속해서 나는 것일까? 그 이유는 반딧불이의 꽁지에는 빛을 낼 수 있는 물질인 루시페린이 있는데 이 루시페린이 산소와 만나면 루시페라아제라는 효소를 통해 화학반응이 생기고 루시페린이 옥시루리페린이라는 물질로 변하면서 빛이 나게 되는 것이다. 산소의 도움이 없으며 반딧불이는 빛을 낼 수 없다.

그런데 반딧불이는 왜 반짝이는 것일까? 보고에 의하면 반딧불이 수컷이 성충이 되어 날아다니면 빛을 내게 되고 암컷은 이것을 지켜보다가 자기가 맘에 드는 빛을 내는 수컷에게 자신도 반짝반짝 빛을 내며 답을 하고 이어서 둘은 짝짓기를 한다고 한다.

그런데 반딧불이는 힘이 매우 약한 곤충이므로 밤에 이렇게 반짝반짝 빛을 내면 주위에 있는 다른 포식자 곤충에 의해 쉽게 잡아 먹힐 수 있는 타겟이 되는 것은 아닐까? 생물의 경우 하위 피식자는 어떻게든 상위 포식자를 피하기 위해 보호색 같은 나름대로의 장치를 동원하는데 어두운 밤에 반딧불이가 눈에 띄기 쉬운 빛을 내며 돌아다니면 오히려 다른 곤충에게 잡아 먹히기 쉬운 상태가 되는데도 불구하고 왜 계속 반짝반짝 빛을 내는 것일까? 그 이유는 반딧불이가 빛을 내면서 날아다녀도 포식자가 잘 잡아먹지 않기 때문이다. 왜 그럴까? 그것은 바로 반딧불이가 빛을 내는 물질이 일종의 독소 물질이기 때문이다. 다른 포식자 곤충은 그것을 이미 알고 있기 때문에 오히려 반딧불이를 잡아먹지 않는다. 잘못 잡아먹었다가는 자신에게 무슨 일이 일어날 줄 알기에 그렇다.

자연은 이렇게 참으로 오묘하고 신비한 것이 너무나 많다. 우리가 살아가면서도 모르는 것이 실로 엄청나게 많을 것이다. 현재 내가 알고 있는 것은 모르고 있는 것에 비하면 너무나 미미한 것이다. 뉴턴도 죽기 전에 그런 말을 했다고 한다. 자신은 평생 과학에 대해 많은 공부를 하고 연구를 했지만 자기가 알고 있는 것은 바닷가 모래사장에 그 수많은 모래알 중에서 몇 개에 불과하다고 말이다. 우리는 지금 알고 있는 것이 전부가 아니라는 것을 항상 염두에 두어야 할 필요가 있다. 내가 과학을 좋아하는 것은 이러한 이유 때문이기도 하다. 다양함으로 인해 아름답기 때문이다.

◆ 반딧불이는 왜 빛이 날까? ◆

48

초신성과 새로운 별의 탄생

모든 것의 죽음의 모습이 다르겠지만 별 또한 다른 형태로 죽어간다. 초신성(supernova)이란 우리 태양보다 훨씬 거대한 별이 수축되었다가 폭발하면서 약 100억 개 이상의 태양이 가지고 있는 에너지를 한꺼번에 방출하여 은하의 모든 별을 합친 것보다 훨씬 더 밝게 빛나게 되는 것을 말한다. 연구에 따르면 이 초신성은 수소폭탄 약 1조 개가 한꺼번에 터지는 것과 같은 정도의 폭발력이라고 한다.

따라서 초신성이 폭발할 때 초신성 근처 500광년 안에 존재하는 모든 것은 초신성 폭발로 인해 완전히 사라져 버리게 된다. 이러한 초신성의 폭발은 우주 전체의 공간에서 결코 흔하지 않은 현상이다. 수천억 개의 별로 이루어진 은하에서도 초신성 폭발은 200~300년에 한 번 있을 정도이다.

1987년 캐나다 출신의 천문학자 이언 쉘턴은 자신이 일하던 남미 칠레의 한 천문대에서 우연히 초신성을 발견하게 된다. 이 초신성이 바로 대마젤란 성운에서 발견된 SN1987A이다. 이 초신성은 약

1,000만 년 전에 형성되었던 별로 우리 태양보다 약 20배 무거운 질량을 가지고 있었다. 이 별은 자신의 수명 90 % 정도를 핵융합을 하면서 주계열에서 지내고 있었다. 당시 이 별의 광도는 우리 태양의 약 6만 배였다. 하지만 이 별의 수명이 거의 다 되어 수소가 더 이상 별 내부에 존재하지 않게 되었을 때 이 별의 중심핵으로부터 수축이 일어나기 시작했고, 그리고 어느 정도의 시간이 지나 초신성으로 폭발하기에 이르른 것이다.

초신성은 폭발할 때 약 10,000~20,000 km/s라는 상상을 초월하는 속도로 물질들을 우주 공간으로 날려 보낸다. 20,000 km/s라는 속력은 시속으로 계산하면 무려 7천 2백만 km/h이다. 한 시간에 7천 2백만 km를 날아간다는 것이다. 우리의 상식으로는 상상할 수 없을 정도의 어마어마한 빠르기이다. 초신성의 폭발이 얼마나 격렬한지를 보여주는 것이다.

초신성은 폭발하면서 왜 그렇게 엄청난 속도로 자신의 잔해를 우주 공간으로 날려 보내는 것일까? 왜 힘들게 폭발하면서 초신성을 이루고 있었던 그 많은 성분을 우주 공간에 산산이 흩어져 버리도록 하는 것일까? 그 이유를 정확히 알 수는 없지만, 초신성 폭발 후 산산이 흩어진 그 잔해 성분들이 어떤 일들을 하는지는 살펴볼 필요가 있다. 이 성분들은 다시 우주 공간에서 다른 별이 탄생할 수 있는 근원이 된다. 즉 죽음이 또 다른 탄생을 제공하는 것이다. 또한 초신성의 폭발로 인해 별 내부에서는 합성되기 어려운 철이나 니켈 같은 무거운 원소가 만들어지게 된다. 초신성과 같은 폭발이 없다면 이러한 중원소는 우주 공간에서 만들어지기가 쉽지 않다.

즉 새로운 탄생을 위해 별은 폭발이라는 아픔이라면 아픔이라고 할 수 있는 죽음을 택하는 것이다. 죽음은 끝이 아닌 것일까? 만약 내가 나중에 죽는다면 나를 이루고 있는 성분들은 어디로 가게 될까? 나의 육체를 이루고 있는 성분들, 나의 생각과 나의 마음 그리고 나의 영혼은 죽음 이후 새로운 탄생, 아니면 그 어떤 것에라도 쓰일 수 있는 것일까? 그나마 이렇게 글이라도 쓰고 있으니 이 글은 나중에라도 내가 존재했다는 것을 증명해 주긴 할 것 같다.

◆ 초신성의 폭발 ◆

49

She sells seashells on the seashore

1787년 미국 뉴저지 주 지역에서 우드버리 크릭은 강바닥으로부터 솟아 나와 있는 커다란 물체가 너무 신기하여 이것을 파내어 보았다. 그것은 커다란 동물의 유골 같은 것이었는데 어떤 동물의 것인지 도무지 알 수가 없어서 당시 미국의 최고 해부학자였던 카스파 위스타 박사에게 보내졌다. 위스타 박사는 그 유골을 자세히 보았지만, 자신도 어떤 동물인지 정확히 알지는 못하겠고 그저 덩치가 커다란 동물일 것 같다고 학회에 보고했다. 아쉽게 이들은 지구상에서 멸종된 공룡을 발견할 수 있는 최초의 기회를 놓친 것이다.

그 이후 프랑스의 퀴비에는 1796년 "현존하는 코끼리와 화석 코끼리의 종에 대한 기록"이라는 기념비적인 논문을 보고하여 과거 지구상에 있었던 커다란 재앙으로 인해 멸종된 엄청나게 덩치가 큰 동물들이 살아 있었다는 발표를 한다. 여기서 화석 코끼리는 우리가 지금 알고 있는 공룡이다. 지구상에 존재했었던 가장 커다란 동물이었던 공룡은 그때서야 비로소 알려지기 시작하였다.

1812년 영국의 라임 레기스라는 해안 지역에 살던 10대 소녀인 메리 애닝은 영국 해협의 위험한 절벽에 묻혀 있던 거대한 화석을 발견한다. 이것은 바다에 살았던 바다 괴물 이크티오사우루스였다. 이후로 그녀는 육지가 아닌 바다에서 살았던 플레이오사우루스라를 발견했고, 최초로 익수룡을 발견하기도 했다. 그녀는 이후 무려 35년 동안 수많은 공룡 화석을 발견해 내기에 이르렀고 그것들은 현재 런던 자연사 박물관에 보관되어 있다.

집안이 가난했었던 그녀는 10대였을 때 자신이 발견한 공룡의 조그마한 뼛조각을 일반 사람들에게 팔았는데, 그 뼈들이 너무 신기해서 주위에 점차 알려져 유명해지기 시작했다. 그때 많은 사람이 그녀를 보고 한 말이 바로 "she sells seashells on the seashore"이다. 공룡 화석의 발굴에 있어서 그녀는 가히 압도적인 능력을 가지고 있었다. 위스타나 퀴비에는 다른 사람이 발견한 것을 가지고 연구한 것에 비하여 그녀는 스스로 아무런 도움도 없이 30년이 넘도록 공룡의 화석을 발굴하고 그것을 보존하며 자세하게 기록하고 그림으로 남겨 놓았기에 그녀의 업적은 커다란 의미가 있다. 애닝은 가난하여 교육도 제대로 받을 기회가 없어 공룡의 역사나 고대 화석의 발견에 있어 그녀의 이름을 아는 사람은 거의 없지만, 그녀가 다른 사람을 전혀 의식하지 않고 자신이 좋아하는 일을 오래도록 해온 것은 어쩌면 가장 가치가 있는 것인지도 모른다. 그녀의 이름과 업적보다 더 많이 알려진 것은 바로 "she sells seashells on the seashore"라는 문장일 뿐이기에 안타까울 따름이다.

하지만 애닝은 평생 자신이 좋아하는 일을 할 수 있었다. 다른 사람을 의식할 필요도 없이, 명예나 돈을 추구하지도 않은 채 조용히 자신이 해야 할 일을 충실히 하면서 평생을 살았다. 오히려 다른 것에 방해받지 않고, 다른 사람에게 간섭받지 않은 채 자신이 할 수 있는 것을 주어진 시간을 활용하는 것이 자신의 만족감과 행복에 있어서는 더 의미가 있을지도 모른다. 아마 애닝은 자신의 삶을 마쳐야 할 때쯤에는 자신 나름대로의 내적인 충일함이 있었을 것이 분명하다.

삶은 다른 사람의 평가에 의해 다른 사람들이 보는 시각에서 자유로워질 필요가 있다. 그래야 내가 좋아하는 일에 아무런 방해 없이 몰입하고 즐길 수 있을 것이다. 애닝의 삶은 비록 많은 사람의 주목을 받지는 못했지만, 자신이 바라고 원하는 자기 자신을 위한 삶을 충분히 살았기에 더 이상 바랄 것이 없었을지도 모른다. 그녀를 암시하는 "she sells seashells on the seashore"라는 이 문장이 오늘따라 아름답게 느껴지는 이유는 무엇 때문일까?

◆ 플레이오사우루스 ◆

50

분자 내에서 원자들은 어느 위치를 좋아할까?

일반적으로 분자는 양전하와 음전하의 크기가 같기 때문에 전기적으로는 중성이다. 하지만 기하학적으로 양전하와 음전하의 배치가 대칭이 아닌 경우가 많게 되는데 이로 인해 쌍극자 모멘트가 생기게 된다. 이렇게 전하 분포가 비대칭인 것을 극성 분자라고 하고 완벽한 대칭 구조로 인해 쌍극자 모멘트가 없는 것을 비극성 분자라고 한다. 하지만 비극성 분자라 할지라도 주변에 전기장이 존재하면 극성이 될 수도 있다.

분자는 이러한 일시적이거나 영구적인 쌍극자 모멘트로 인해 전기장을 만드는데 이 전기장은 다시 주변의 분자를 분극시킨다. 이로 인해 두 분자는 전기적인 인력을 느끼게 되는데 이를 판데르 발스 힘이라 부른다.

이 판데르 발스 힘에 의한 분자 내에서의 퍼텐셜을 계산해 보면 거리의 6승에 반비례하는 인력으로 나타난다. 즉 거리가 멀어짐에 따라 급격하게 감소하는 것이다.

또한 분자 내에 있는 원자는 일종의 구의 형태를 가지고 있는 강체라고 할 수 있는데 이로 인해 생기는 척력을 계산해 보면 거리의 12승에 반비례하는 결과를 얻게 된다.

판데르 발스에 의한 것과 강체 구에 의한 효과를 합한 것을 흔히 분자 내에서의 레너드 존스 퍼텐셜이라고 부른다. 분자 내에 있는 원자가 어떠한 위치를 선호하는지 계산해 보면 바로 이 레너스 존스 퍼텐셜의 최솟값이 되는 곳이 바로 분자 내에서 각 원자가 자리를 잡는 위치가 된다. 즉, 다시 말하면 분자 내에 많은 원자가 존재하고 있는데 그 원자들은 아무런 곳에나 자리를 잡는 것이 아니라 이 레너드 존스 퍼텐셜 값이 최소가 되는 곳에 위치를 차지하는 것이다. 이는 물리적으로 해석하면 분자 내에서 원자는 에너지적으로 가장 낮은, 즉 가장 안정한 곳에 자리를 차지한다는 것이다.

왜 원자는 에너지적으로 가장 낮은 곳에서 위치를 하는 것일까? 쉽게 말해서 그것은 그 위치가 원자들에게는 가장 편한 곳이기 때문이다. 분자 내에 많은 인력과 척력이 존재하지만, 원자도 그 조합을 다 계산해서 가장 안정되는 곳에 자리를 잡는다는 뜻이다.

분자 내에는 많은 원자가 존재하고 있다. 하나의 원자 주위에는 많은 다른 원자들이 위치하고 있다. 그런데 원자들은 전하의 종류나 힘의 종류가 다른데도 불구하고 가장 적당한 거리를 유지한 채 각자의 위치에서 안정되게 분자를 이루고 있다.

원자들이 분자 내에서 적당한 거리를 유지하고 그 위치를 찾아낸다는 것을 우리가 살고 있는 사회와 비교해 보면 정말 신비롭지 않을 수 없다. 우리는 좋아하는 사람에게는 너무 가까이 하려다가 문제가 생기기도 하고, 좋아하지 않는 사람과는 너무 심하게 다투어 원수가 되기도 하는데 분자 내의 원자들은 서로 끌어 당기는 인력이 있어도 어느 정도 거리를 유지하고 서로 밀어내는 척력이 있어도 적당한 거리를 유지하는 것이다. 우리도 이러한 분자 내에서 원자가 위치를 찾는 그러한 현명함이 필요하지 않을까? 싫어한다고 아예 얼굴도 안 보려 하고, 좋아한다고 매일 모든 것을 같이 하려다 나중에 문제가 생기기도 하는 것을 어느 정도 거리를 유지한다면 해결되지 않을까? 분자 내에 존재하는 원자처럼 항상 에너지적으로 안정되고 편안하게 지내고 싶으면 좋아도 너무 가깝지 않게, 싫어도 너무 멀지 않게 그 거리를 유지하는 것이 가장 현명할 것이다. 하지만 인간에게 그것은 결코 쉽지 않을 것이다. 그래도 이러한 것을 마음에 두고 노력을 해 볼 필요는 있지 않을까 싶다.

◆ 분자 내에서 원자는 어떻게 위치를 자리 잡을까? ◆

51

깁스와 10년

윌러드 깁스(Gibbs)는 젊었을 때 유럽에서 공부를 한 3년을 제외하고는 평생을 코네티컷 주 뉴헤븐에서 지냈다. 그의 집과 예일 대학까지는 3블럭 정도였고, 사람들의 눈에 띄지 않는 조용한 생활을 하면서 자신의 분야인 열역학만을 연구했다. 예일 대학 초창기 시절 그는 처음 10년 동안에는 학교로부터 월급도 받지 못했다. 그저 다른 방법으로 생계를 유지해 갔다.

예일 대학에서 1871년부터 교수 생활을 시작했는데 30년 동안 그의 수업에 관심을 가지고 참가한 학생은 한 학기에 한두 명 정도였다. 그의 분야는 학생들이 취업을 하기에 좋은 내용도 아니고 재미있는 것도 아니었기 때문이었다. 하지만 그는 학생 수에 아랑곳하지 않고 강의를 해 나갔다.

또한 그의 연구 논문은 다른 사람들은 이해할 수도 없는 자신이 만들어 낸 수학기호로 가득해서 너무나 어려웠다. 처음엔 그의 논문에 주목하는 사람도 그다지 많지 않았다. 하지만 그의 난해한 수학속에는 뛰어난 천재적 통찰력이 들어 있었다. 그가 당시 발표한 "불균일 물질의 평형에 관하여"라는 논문에는 모든 열역학 법칙이 놀라울 정도로 명백하게 설명되어 있었다. 그의 엔트로피에 대한 연구가 열역학에서 가장 핵심적인 역할이 된다는 것을 사람들은 나중에 알게 되었다. 그는 오스트리아의 루트비히 볼츠만과 더불어 열역학과 통계역학의 가장 뛰어난 선구자적 물리학자로 발돋움하였고, 당시 유럽보다 많이 뒤처져 있다는 미국 과학계를 한 차원 높이는 중요한 업적을 쌓아 올렸다. 후에 알버트 아인슈타인은 깁스를 가장 위대한 미국 물리학자라고 칭했다. 그는 미국에서 최초로 이공계 분야에서 박사학위를 받은 사람이었다.

자신이 일하는 직장에서 10년 동안 월급도 받지 못한 채 자신의 일을 꾸준히 한다는 것이 쉬운 일은 절대 아닐 것이다. 다른 곳에서 생계를 해결하고 자신은 이중으로 일을 해야 하니 그 고충은 상당했을 것이다. 그것도 짧은 세월이 아닌 10년을 말이다. 하지만 깁스는 자신이 좋아하는 일이 무엇인지 알았고, 스스로 무엇을 해야 하는 것이 자신에게 미래를 위해 나은 것인지를 알았기에 그러한 일이 가능했을 것이다.

만약 깁스가 현실과 타협하여 그 10년을 버티지 못했다면 어떻게 되었을까? 현실과 타협하고 자신의 권리를 주장하는 것이 어쩌면 더 똑똑하고 현명한 것인지도 모른다. 아니 그것이 오히려 당연하다고 할 수도 있다. 그런데 왜 깁스는 10년이란 세월을 묵묵히 학교와 집만 오고 가며 살았을까? 아무도 알아주지도 않고 아무도 인정해 주지 않는 그만의 삶을 그는 왜 선택했던 것일까?

자신의 삶은 자신이 가장 잘 아는 것이며, 또한 혼자 모든 것을 책임져야 하는 것이 아닐까 싶다. 위대함은 묵묵히 자신이 가야 할 길을 가는 것이 아닐까 싶다.

◆ 깁스가 있었던 예일 대학교 ◆

52

마이컬슨과 작은 소망

알버트 마이컬슨은 1852년 독일과 폴란드의 접경 지역에서 태어났다. 어릴 때 온 가족이 미국으로 이민을 갔지만, 집안이 너무나 가난해 대학을 다닐 형편이 도저히 되지 않았다. 어린 마이컬슨의 조그만 소망은 비록 집이 가난하지만, 대학에 가서 과학을 공부하고 싶은 것이었다. 당시 10대 소년이었던 마이컬슨은 직접 워싱턴 D.C.로 가서 매일 백악관 앞에서 미국 대통령을 만나기 위해 주위를 서성거렸다.

당시 미국 대통령이었던 율리시스 그랜트를 만나 같이 산책을 하면서 자신을 대학에 보내달라고 부탁을 하기 위해서였다. 어찌 보면 너무나 순진무구한 생각일지도 모르지만, 마이컬슨은 우연히 그랜트 대통령을 만날 수 있었고 마이컬슨의 진심에 감명을 받은 그랜트 대통령은 국가에서 전액 지원하는 미국 해군 사관학교에 마이컬슨을 입학시켜 준다. 그리고 마이컬슨은 그곳에서 물리학을 공부하고 10년 후에 클리블랜드에 있는 그리 알려지지 않은 케이스 웨스턴 리저브

대학의 교수로 부임한다.

그 대학 화학과에는 몰리 교수가 있었는데 둘은 비록 전공은 다르지만, 함께 공동 연구를 하기 시작한다. 그들의 연구 주제는 빛의 매질이라고 알려져 있는 에테르의 존재를 증명하는 것이었다. 그들은 당연히 에테르가 존재할 것이라고 생각하고 이를 실험으로 증명하려고 하였는데 결과는 그 반대로 나오는 것이었다. 에테르가 존재한다는 것을 증명하기 위해서는 빛의 속도를 측정해야 했는데 이때 사용하는 자신들의 간섭계에 문제가 있는 것으로 판단하여 그들은 간섭계를 계속 보완해 나가기 시작한다.

간섭계를 새로 만들고 고치는 데 있어서 재정적인 문제가 발생하자 마이컬슨은 유선 전화를 처음으로 발명한 벨에게 찾아간다. 그는 벨에게 당신은 전화를 발명하여 돈을 많이 벌었으니 간섭계를 보완하고 새로 만들 수 있는 재정적인 지원을 해달라고 부탁을 한다. 벨은 마이컬슨의 마음을 받아들여 자신의 사재를 털어 마이컬슨을 지원한다.

그렇게 지원받은 돈으로 마이컬슨과 몰리는 간섭계를 고쳐 나가면서 계속 실험을 해 나갈 수 있었다. 그렇게 그들은 에테르의 존재를 부정하기 위한 가장 중요한 실험인 빛의 속도를 측정하기 위해 무려 17년 동안 간섭계를 계속 보완해 나가면서 똑같은 실험을 반복한다. 그리고 결국 그들의 최초의 기대와는 다르게 에테르는 존재하지 않으며 빛의 속도는 관측자의 운동과 상관없이 일정하다는 결론의 논문을 발표한다.

마이컬슨은 이 논문으로 미국인 최초로 1907년 노벨 물리학상을 수상하게 된다. 백악관 정문 앞에서 미국 대통령을 만나 무료로 대학을 보내 달라고 떼쓰던 10대의 소년이 30여 년이 지난 후 미국에 최초로 노벨상을 안겨준 것이었다. 그랜트 대통령이 이 사실을 알았으면 얼마나 기뻐했을까? 아쉽지만 그랜트 대통령은 이미 세상을 떠난 뒤였다.

더 놀라운 사실은 마이컬슨과 몰리의 실험 결과는 인류 역사상 가장 위대하다는 아인슈타인의 상대성이론의 가장 중요한 발판을 마련해 주었다는 것이다.

10대 소년의 조그만 소망은 그렇게 인류의 역사를 바꾸어 놓는 디딤돌이 되었다. 그 누가 백악관을 서성거리며 대통령을 만나 대학을 보내달라고 떼쓰는 소년이 후에 이러한 일을 해낼 수 있을 거라고 생각을 했을까?

우리는 지금 어떠한 소망을 가지고 있는 것일까? 그 소망이 무엇이건 그 소망의 크기가 어떻건 미래에 우리의 소망이 이루어질 날이 언젠간 올 것이라고 우리는 스스로 확신하고 있는 것일까? 그러한 아름다운 소망을 외부압력으로 그리고 주위 환경으로 스스로 포기하고 있는 것은 아닐까? 어린 10대에 품고 있었던 아름다운 소망을 우리는 얼마나 이루었을까? 현재 우리는 조그만 소망이라도 가지고 있는 것일까? 나이가 있으면 소망 자체가 의미가 없는 것일까? 지금이라도 작은 소망을 품는다면 10년 후에 그러한 소망이 이루어질 것이라고 생각한다면 그것은 무리인 것일까?

인생의 어느 시점에 서 있건 소망을 가지고 있는 자와 그렇지 않은 자의 삶은 분명히 다르지 않을까 싶다.

53

지구의 주인은 누구일까?

흔히 인간을 만물의 영장이라고 하여 지구상에 존재하는 가장 똑똑한 종이라고 한다. 하지만 이것은 우리 인간이 스스로에게 하는 말에 불과한 것인지도 모른다. 이 커다란 지구라는 행성의 주인은 누구일까? 정말 우리 인간일까?

인간이 이 지구상에서 살아온 것은 겨우 몇십만 년에 불과하다. 그전에는 존재하지도 않았다. 과거는 그렇다 하더라도 지금은 인간이 지구의 주인일까? 인간을 이길 수 있는 존재가 없으니 말이다. 하지만 이러한 생각은 우리 눈에 보이지도 않는 박테리아의 입장에서 보면 아마 우스운 것인지도 모른다.

박테리아는 우리 몸은 물론 우리 주위에 어마어마하게 존재하고 있다. 쉽게 말해 상상을 초월할 정도로 많다. 우리 피부에는 약 1조 마리의 박테리아가 살고 있는데, 계산해 보면 1제곱센티미터의 넓이 즉, 우리 피부의 가로 1 cm, 세로 1 cm의 면적에 약 1,000마리 이상의 박테리아가 서식하고 있는 셈이다. 우리 몸에 있는 박테리아는 매일 죽어서 떨어져 나가는 우리의 피부 세포와 우리 몸의 땀구멍과 피부세포 사이의 갈라진 틈에서 나오는 기름과 미네랄을 먹으며 살아가고 있다.

박테리아는 우리 피부에만 있는 것이 아니라 우리 몸의 모든 기관에 존재한다. 내 콧구멍 안에도 수많은 박테리아가 존재하고 있고, 내 치아에 구멍을 뚫고 살아가는 것들도 있다. 뿐만 아니라 소장, 대장 할 것 없이 나의 내장 기관 안에서 엄청난 수의 박테리아가 살아가고 있다. 연구에 의하면 우리 몸에 살고 있는 박테리아는 약 10경 마리 정도 된다고 한다. 믿을 수 없을 정도의 숫자이다. 이렇다면 우리 몸이 아마 박테리아로 이루어져 있는 것이라고 해도 과언은 아닐 것이다.

우리가 흔히 착각하는 것은 인간이 항생제를 개발하고 소독약을 만들어 내었기에 박테리아를 정복했다고 하는 생각이다. 이건 실로 전혀 아무것도 모르고 하는 소리에 불과하다. 박테리아는 수도 없이 돌연변이를 일으키며 새로운 종을 스스로 계속 만들어 낸다. 인간이 어느 정도 그러한 새로운 종의 박테리아에 대응해 나갈 수는 있지만, 완전히 정복한다는 것은 거의 불가능하다.

45억 년 전 지구가 생기고 나서 인류가 이 땅에 생존해 나가기 시작한 것은 몇십만 년 전부터였다. 박테리아는 어떨까? 박테리아는 이미 수십억 년 전부터 이 지구상에서 살아오고 있었다. 그럼 누가 지구의 주인일까? 어떤 집에 수십 년을 살아온 사람과 단지 며칠 살아온 사람 중의 누가 그 집의 주인인 것일까?

지구는 박테리아가 없으면 어떻게 될까? 박테리아가 눈에 보이지도 않을 정도로 너무 작아 아무 하는 일도 없을 것이라 생각한다면 그것은 정말 큰 오해이다. 박테리아는 지구 어느 곳에서나 죽은 사체나 음식물들을 전부 분해해 버린다. 만약 박테리아가 없어서 그러한 일을 하지 못한다면 지구는 어떻게 될까? 또한 박테리아는 지구상의 그 엄청난 양의 물을 깨끗하게 해주고, 그 넓은 지구상의 토양을 비옥하게 만들어 준다.

지구상의 모든 곳에서 엄청난 후손을 만들어 내는 것 또한 박테리아이다. 인간은 평균 80년 정도에 한두 명의 후손을 만들어 내는 데 불과하지만, 박테리아는 약 10분마다 후손들을 만들어 낸다. 따라서 지구를 온통 덮고 있는 것은 다름 아닌 박테리아인 것이다.

박테리아의 식욕 또한 상상을 초월한다. 지구상의 웬만한 것은 다 먹어 치운다. 모든 유기물뿐만 아니라, 어떤 박테리아는 금속을 먹기도 하며, 심지어 미크로코쿠스 라디오필루스라는 박테리아는 원자로 폐기물 탱크에 있는 플루토늄 같은 방사성 물질을 먹기도 한다. 지구상의 모든 것이 그들의 먹거리인 셈이다.

지구에는 박테리아 말고 그 이상의 위력을 발휘하는 존재가 또 있다. 그것은 바로 바이러스이다. 바이러스는 박테리아보다 돌연변이가 훨씬 많이 나타난다. 수십억 년 전부터 지금까지 그리고 앞으로도 우리가 상상할 수 없는 엄청난 새로운 바이러스가 생겨날 것이다. 바이러스도 박테리아 이상으로 이 지구상에서 그 존재감을 유감없이 발휘하고 있다. 일일이 그것을 나열하기 힘들 정도이다.

인류가 얼마나 더 오래 지구상에 존재하게 될지는 아무도 모른다. 하지만 확실한 것은 박테리아와 바이러스는 인류가 지구상에 없어진 후에도 아주 오랫동안 이 지구상에 남아 생존할 가능성이 거의 확실하다.

지구의 주인은 과연 누구일까? 우리가 주인공이라는 의식을 버려야 할 필요가 있다. 내가 모든 것의 주인공이고 모든 것을 나를 위주로 생각하는 것은 세상을 객관적으로 볼 수 있는 시야에 방해만 될 뿐이다. 인간은 결코 지구의 주인, 이 세상의 주인이 아니다. 우리는 잠시 왔다 가는 손님에 불과하다. 모든 것을 우리 뜻대로 전부 다 하려는 것, 우리의 생각대로 모든 것을 다 이루려 하는 것은 오만과 독선일 뿐이다.

◆ 지구의 주인은 누구일까? ◆

54

계속 자는 사람들

1916년 유럽과 미국 일부 지역에서 희한한 병에 대한 보고가 계속 들어왔다. 사람들이 계속 잠만 잔다는 것이었다. 이들은 한번 잠이 들기 시작하면 일어나지를 않는 것이었다. 하루가 지나도 일어나지 않아 일부러 이들을 깨우면 그냥 일어나서 밥을 먹고, 화장실에 가고, 말을 걸면 대답을 하기는 하지만 계속 자고 있는 것처럼 꿈속에 있는 사람들처럼 행동을 했다. 그러다 잠시 쉬도록 해주면 다시 또 잠에 드는 것이었다.

이렇게 다시 잠에 든 사람들은 깨우기 전에는 스스로 일어나지를 못했다. 그렇게 자다 깨기를 반복하다 어느덧 깨지 못하고 계속 자는 동안에 그만 사망을 하고 마는 것이었다. 사망을 하지 않은 사람들은 깨어 있어도 예전처럼 생활을 하는 데 있어 활기나 생기가 전혀 없었다. 거의 잠에 취해 있는 무감각한 상태로 지내는 것이었다.

예전에 이런 희귀한 병을 본 적이 없었기에 그들은 그저 "수면병"이라 불렀다. 이 질병의 원인을 당시에는 도저히 알아낼 수가 없었다. 어떻게 해서 사람이 며칠 또는 몇 주일을 계속 잠만 자는 것인지 이해를 할 수가 없었다. 병원에서 그 원인을 찾으려 노력을 했지만 처음 보는 증상이었고 어느 문헌에도 나와 있는 것이 없었으며 비슷한 증상이 보고된 적도 없었다.

이 사람들은 왜 계속해서 잠을 잤었던 것일까? 깨워야 간신히 일어나고 일어나서도 계속 잠에 취한 상태로 밥만 먹고 또 자고 하는 이유가 무엇이었을까? 한두 명도 아니고 많은 사람이 이런 비슷한 행동들을 했는데 그 원인이 무엇이었을까?

나중에 알려진 바에 의하면 이들이 새로운 돌연변이종에 해당하는 바이러스에 감염된 것이었다. 이 바이러스가 인간에게 감염이 되면 인간은 기면성 뇌염(lethargic encephalitis)에 걸렸던 것이었다. 이 질병에 걸린 사람 중에 1/3은 사망하였고, 1/3은 회복되었으나 파킨슨병과 비슷하게 되었고, 1/3은 회복이 된 후에도 평생을 무기력하게 몸도 잘 가누지도 못한 상태로 잠에 취한 듯이 지내다 결국에는 사망하였다. 희한한 것은 이 질병은 당시 10년 정도만 유행을 하고 지구상에서 완전히 사라진 것으로 보고되어 있다.

바이러스의 변이의 끝은 어디까지일까? 인간은 결코 바이러스를 정복할 수 없는 것일까? 숫자나 다양한 종류를 본다면 인간은 바이러스와 상대 불가의 수준일 것이다. 그래도 그 누군가는 그 불가능함을 가능으로 만들기 위해 지금도 전 세계 각지에서 밤을 새워가며 연구를 하고 있다.

55

비가역 과정과 삶의 돌이킴

노르웨이 오슬로에서 태어난 라르스 온사거는 노르웨이 공과대학을 졸업하고 1925년 당시 유명한 피터 디바이의 전해질 이론에 문제가 있음을 발견하고 직접 스위스 취리히에 있는 디바이에게 찾아가서 자신의 발견을 이야기한다. 디바이는 이를 보고 온사거가 과학에 재능이 많음을 발견하고 자신이 있던 취리히 연방 공과대학에 자리를 마련해 준다.

3년 후 미국의 존스 홉킨스 대학은 온사거를 미래가 촉망받는 젊은 학자라 판단하여 교수로 임용한다. 그곳에서 학부 1학년에게 일반화학을 가르쳤는데, 강의가 너무 엉망이라는 이유로 1년 만에 해고된다. 하지만 사실은 그의 강의가 엉망인 것이 아니라 학생들에게 너무 어렵게 가르쳐서 학생들이 이해를 전혀 할 수 없었기 때문이었다. 다시 브라운 대학으로 자리를 옮겼지만 역시 몇 년 후에 강의를 잘하지 못한다는 이유로 해고되었다. 학생들이 이해를 전혀 하지 못하니 강의 능력에 문제가 있다고 본 것이다.

그러는 가운데에서도 온사거는 통계역학 분야의 연구를 게을리 하지 않았다. 비록 자신의 강의가 학생들에게 이해하기가 어렵고 재미없을지라도 자신의 연구 분야로의 몰입은 이어나갔다.

그는 교수 자리는 포기하고 다시 예일 대학교의 연구원으로 자리를 잡고 아직 마치지 못한 박사학위 논문을 마무리한다. 당시 온사거는 자신의 박사 논문을 화학과에 제출하였으나 화학과 교수 중에 수학으로 가득한 온사거의 논문을 이해하는 사람이 없어서 수학과에 문의한 결과 상당히 뛰어난 수준이라는 조언에 따라 간신히 박사학위를 마칠 수 있었다.

박사학위 취득 후 예일 대학교에서 교수로 임용되어 계속 연구에 몰두하면서 강의를 하였지만 역시 온사거의 강의를 이해하는 학생들은 거의 없었다. 그만큼 그의 강의는 너무 어려웠고, 그는 학생들에게 수준을 낮추어서 강의를 하는 스타일이 아니었다. 자신이 생각하는 그 수준의 강의를 유지하기만 했다. 예일 대학은 온사거가 강의에는 좀 문제가 있을지 모르나 연구만큼은 뛰어난 재능이 있기에 정교수로 승진시키고 계속 예일 대학에서 교수를 할 수 있도록 해주었다.

온사거의 연구는 통계역학 분야로서 그는 물리와 화학 사이의 경계 분야에 있는 복잡한 문제들에 대하여 적당한 관계식을 만들어 보편적인 자연법칙을 발견하려고 노력하였다.

그는 1929년 코펜하겐에서 열린 스칸디나비아 과학학회에서 그 발견의 기초를 마련하였다. 또한, 1931년 《피지컬 리뷰》라는 물리학 저널에 "비가역 과정의 역학관계"라는 논문을 두 편에 나누어 발표하였다. 두 논문의 크기가 각각 22쪽과 15쪽을 넘지 않는 간결한 논문이었다.

온사거의 이 논문은 오랫동안 거의 아무런 관심을 받지 못했다. 2차 세계대전 후에 조금씩 알려지기 시작하였고 얼마 후 그의 역학관계는 물리와 화학뿐만 아니라 생물과 기술 분야의 수많은 응용으로 비가역 열역학이 빠르게 발달하는 데 있어 중요한 역할을 하기에 이른다.

그의 논문의 핵심은 비가역 과정에 관한 것이었다. 우리 주위에 있는 많은 일반적인 과정들이 비가역적이고 그것들 자체가 되돌아갈 수 없다는 것을 깨닫는다면 비가역 열역학의 중요성은 명백할 것이다. 뜨거운 물체에서 차가운 물체로의 열전도, 혼합, 혹은 확산이 대표적인 예라 할 수 있다. 가장 쉬운 예로 설탕 덩어리를 뜨거운 차에 녹일 때 이 과정은 저절로 일어나며 그 반대 과정은 일어나지 않는다.

고전 열역학을 이용하여 이와 같은 비가역 과정을 다루는 초기의 시도들은 거의 성공하지 못했다. 고전 열역학이라는 자체의 이름에도 불구하고 역학 과정을 다루는 방법으로는 적당하지 않았던 것이다. 그 대신에 정적 상태와 화학평형의 연구에는 완벽한 도구였다. 비가역 열역학은 19세기와 20세기 초에 발달되기 시작하였지만, 그 시대의 많은 과학자는 비가역적 열역학에 관한 연구를 포기하였다. 그러던 중에 열역학 제 3 법칙이 나타나기 시작했고, 이 분야의 과학의 기초를 형성하였다.

이것은 일반적으로 가장 잘 알려진 자연법칙이다. 제1 법칙은 에너지 보존 법칙이고 제2 법칙과 제3 법칙은 열역학과 통계학을 연결하는 중요한 양적 엔트로피를 정의한다. 통계적인 방법으로 분자들의 불규칙한 운동을 연구한 것이 열역학 발달에 결정적이었다.

온사거의 역학관계는 비가역 과정의 열역학 연구를 가능하게 한 진보된 법칙이라고 말할 수 있다. 설탕과 차의 경우에 확산 과정에서 일어나는 현상에서 흥미로운 것은 설탕과 열의 이동이다. 그 과정들이 동시에 일어날 때 서로에게 영향을 준다. 즉 온도 차이는 열의 흐름뿐만 아니라 분자들의 흐름에도 영향을 주는 원인이 된다.

온사거는 흐름을 설명하는 식이 적당한 형태로 쓰여지면 이 식의 계수들 간에 단순한 관계가 존재한다는 것을 그의 연구를 통하여 증명하였다. 이 관계들, 즉 그의 역학관계가 비가역 과정들에 대한 완벽한 이론적 설명을 가능하게 하였다.

온사거는 한 시스템에서 요동의 통계적인 계산과 기계적인 계산으로부터 출발하였는데, 이것이 시간에 대해 대칭인 운동의 단순한 법칙에 기초가 될 수 있었다. 또한, 그는 요동에서 평형으로의 복귀가 앞서 언급한 이동식에 따라 일어난다는 독립된 가정을 만들었다. 그의 수학적 분석과 함께 물리와 화학에 대한 거시적이고 미시적인 개념의 조합으로 현재 온사거의 역학관계라 불리는 상관관계를 얻게 된 것이다.

온사거는 1931년에 쓴 그의 두 편의 논문으로 1968년 노벨 화학상을 수상한다. 아마도 논문의 페이지 수로 따지면 노벨상을 받은 연구 내용 중 가장 짧은 것 가운데 하나일 것이다. 그리고 그는 20세기 이론화학 분야에서 가장 독보적인 존재가 되었다.

자연에는 가역 과정과 비가역 과정이 있기 마련이다. 우리의 삶도 마찬가지가 아닐까 싶다. 돌고 도는 반복되는 일들도 있지만 한번 일어나면 다시 돌이킬 수 없는 일도 있다. 어쩌면 다시 돌이킬 수 없는 일들이 더 중요할 지도 모른다. 과학에서도 마찬가지이다. 온사거가 비가역 과정에 주목한 이유가 바로 이 때문이 아닐까 싶다. 우리의 삶에서도 어느 것이 가역 과정이고 어느 것이 비가역 과정인지 정확하게 알 필요가 있다. 돌이킬 수 없는 비가역 과정은 한번 일어나는 것으로 끝나버리고 만다. 그러기에 더욱 신중하게 생각해서 나중에 후회되는 일이 없도록 해야 할 필요가 있다. 돌이킬 수 없어 후회하는 일이 너무 많아지면 우리의 삶은 아픔으로 가득하게 될지도 모르기 때문이다.

◆ 차와 설탕이 물에 녹는 것은 비가역 과정이다. ◆

56

인간은 모기와 영원히 함께 살아야 할까?

지구상에 존재하는 질병의 종류와 심각성은 지역에 따라서 다르게 나타난다. 말라리아는 지구라는 우리가 살고 있는 행성에서 아주 넓은 영역에 걸쳐 나타나는 질병이다.

과학자들은 오래전부터 말라리아의 원인과 그것이 인체 조직 속으로 침투하는 방법에 관해, 그리고 이 질병을 예방할 수 있는 방법을 찾기 위해 연구해 왔다. 하지만 그 해답을 찾는 것은 매우 어려웠다.

프랑스 육군의 외과 의사인 라베랑은 말라리아에 관해 중요한 발견을 하였다. 그는 말라리아 환자의 혈액에서 하등 생물체를 발견하였고, 그 하등 생물체가 말라리아라는 기생충 질병을 유발한다는 사실을 알게 되었다.

그 후로 20년간 말라리아에 관한 연구는 주로 라베랑의 발견에 기초하여 이루어졌다. 그리고 이 연구를 통해 중요한 사실들이 새롭게 발견되었다. 혈액 속에는 다양한 형태의 말라리아 기생충이 존재하며, 각각의 형태에 따라 서로 다른 질병이 유발된다는 것을 알게 되었다.

적혈구와 기생충의 관계도 밝혀졌으며, 기생충이 혈액 내에서 어떻게 변하는지도 알게 되었다. 이탈리아의 학자인 골지는 말라리아 증상이 나타나는 주기가 혈액 속에서 번식하는 기생충에 따라 다르게 나타난다는 중요한 사실을 밝혀내기도 하였다. 이와 같은 종류의 기생충은 다른 포유류 또는 조류의 혈액에서도 발견되었다.

하지만 말라리아 기생충이 인체 외부에서 어떻게 생존하는지, 그리고 사람의 혈액으로 어떻게 침투하는지에 대해서는 알 수 없었다. 일부에서는 잘 알려진 다른 기생충들처럼 말라리아 기생충도 사람의 혈액 외부에서 다른 생물에 기생하는 형태로 존재할 것이라고 가정하였다. 하지만 환자의 분비물이나 배설물에서 말라리아 기생충은 발견되지 않았다. 따라서 흡혈 곤충들이 인간의 혈액 속으로 기생충을 옮김으로써 그 안에서 기생충이 번식하게 된다는 제안이 좀 더 설득력을 얻게 되었다. 이런 이유로 모기가 말라리아를 퍼뜨리는 주범으로 지목되었고, 마침내 말라리아의 발병에 모기가 결정적인 역할을 한다는 것이 증명되었다.

말라리아에 관한 모기 이론은 오래전 킹 박사가 제안한 적이 있었다. 그러나 이 이론은 역학적 관찰에 의한 제안에 불과했으며, 다른 증거가 없었기 때문에 그저 추측에 머무를 뿐이었다. 1890년대 초 이탈리아에서 이 이론을 증명하기 위한 실험이 시도되었지만 작은 가능성만을 보여주었을 뿐이었다. 따라서 이런 식의 접근은 문제 해결에 아무런 도움이 되지 못했다.

그러던 중 영국의 패트릭 멘손은 이 문제에 대한 결정적인 해결책을 제시하였다. 피를 흘리면 기생충의 외관에 변화가 생기는데, 멘손은 이 변화가 인체 외부에서 기생충이 살아가는 첫 번째 단계라고 생각했다. 그 후 미국의 병리학자인 매컬럼은 이 현상이 기생충의 번식을 의미한다는 것을 알게 되었다. 멘손은 혈액 내에 존재하는 기생충의 하나인 필라리아라는 작은 벌레에 대한 경험을 바탕으로 모기가 옮기는 또 다른 기생충들을 발견하였다.

그중에는 특정 모기에 의해서만 옮겨지는 것들도 있었다. 말라리아에서 시작된 관찰과 자신의 연구가 말라리아 문제를 해결할 것이라는 기대로 멘손은 보다 활발하게 연구하였으며, 마침내 모기 이론을 정립하였다. 하지만 영국에 살던 멘손은 이를 실험할 기회가 없었으며 이 문제는 인도에서 해결된다.

영국군의 의사로서 인도에서 근무하던 로널드 로스는 멘손 박사의 영향을 받아 실험을 하였다. 그는 실험실에서 부화시킨 모기가 말라리아 환자를 물게 한 뒤, 그 모기 속에 존재하는 기생충을 관찰하였다. 처음 2년여에 걸친 실험은 주도면밀하게 진행되었음에도 불구하고 약간의 가능성만을 확인하는 데 그쳤다. 그러나 1897년 8월, 드디어 목표에 한 걸음 다가서게 되었다. 흔치 않은 모기종을 이용해 실험하던 그는 모기의 위벽에서 기생충이라고 생각되는 것을 발견하였으며 이것이 인간 말라리아 기생충의 진화된 형태라고 생각하였다.

인간 말라리아 기생충에 대한 연구가 곤란해지자 로스 박사는 같은 종류의 조류 말라리아 기생충으로 연구를 계속했다. 그 결과 조류 말라리아 기생충에 관한 연구들을 통해 이에 상응하는 인간 말라리아에 관한 사실들을 확인할 수 있었다. 뿐만 아니라 모기의 몸속에서 조류 말라리아 기생충의 발달 과정을 증명하는 데에도 성공하였다.

말라리아 기생충은 모기의 위벽에서 수정이 일어나면서 성장하기 시작한다. 수정 후 태어나는 기생충은 위벽으로 침투하고 그 안에서 몸체에 구멍이 나 있는 단추 같은 형태로 자라난다. 여기에서 생겨난 수없이 많은 가늘고 긴 원충은 구조물이 파괴되면서 모기의 체강으로 빠져나오게 되고 타액선이나 독선에 축적된다. 이런 모기에 물리면 모기의 입과 연결되어 있는 타액선이나 독선에 있는 기생충이 옮겨지는 것이다. 이때 모기에 물린 사람이 기생충에 민감하다면 말라리아가 발병한다.

말라리아에 대한 로스의 발견은 일련의 중요한 연구들을 이끌어 내는 역할을 하였다. 이탈리아의 그라시는 비그나미, 바스티아넬리와 함께 인간 말라리아 기생충을 연구하였다. 그들은 로스가 발견한 인간 말라리아 기생충의 초기 단계를 증명했을 뿐만 아니라 이 기생충이 조류 말라리아 기생충과 동일한 방법으로 모기 몸속에서 성장한다는 것도 증명하였다. 이 외에도 그라시는 사람의 말라리아 발병에 중요한 모기종을 밝혀내는 데 성공하였다. 로스와 그라시, 코흐가 수행한 연구들 외에도 수많은 사람들에 의해 아주 중요한 연구들이 이루어졌으며 이로 인해 우리는 말라리아 기생충에 대해 더 많은 것을 알게 되었다. 그리고 이 지식들은 말라리아의 예방과 치료 연구에 매우 중요한 자료로 이용되었다.

그렇게 인류는 말라리아로부터 어느 정도 해방되었지만, 아직도 많은 지역에서 말라리아로 인해 고통을 받고 있다. 하지만 아직까지 말라리아에 대한 백신은 없다. 클로로퀸(chloroquine)이라는 치료 약은 있지만, 이 약에 대한 내성이 있는 원충들도 증가하고 있는 것이 사실이다. 말라리아에 대한 가장 좋은 방법은 말라리아가 많은 발생하는 지역에 가지 않는 것이며, 또한 모기에 물리지 않는 것이다.

모기가 우리 사람들 주위에 살고 있다면 많은 질병의 매개체가 될 수밖에 없다. 우리 인간은 모기와 영원히 함께 살아야 하는 것일까? 모기약을 뿌리고 모기향을 피워도 여름이면 매일 모기에 물린다. 아직도 과학이 가야할 길이 먼 것일까? 아니면 인류는 영원히 모기와 함께 살아가야 하는 운명인 것일까?

◆ 인간과 모기는 영원히 함께 살아야 하는 것일까? ◆

57

플레밍과 세렌디피티

세균에 대항하기 위해서 사람이나 동물은 몸 안에 방어 물질을 생성하고 또 충분한 양을 만들어 낸다. 하지만 이런 능력이 고등 동물에만 해당되는 것은 아니다. 루이 파스퇴르는 몸 밖에서 배양시킨 탄저균이 대기로부터 받아들인 세균에 의해 파괴되는 것을 관찰하였다. 이 발견은 감염성 질환 치료에 매우 희망적이었다. 하지만 여러 종류의 미생물들 사이에 일어나는 생존을 위한 경쟁을 이용하여 어떤 이익을 얻기까지는 20년 이상의 시간이 흘러갔다. 1899년 엠메리히 박사와 로에브 박사가 이에 관해 실험했지만 크게 주목할 만한 결과는 얻지 못했다.

1928년 플레밍은 포도상구균의 화농성 세균을 실험하는 과정에서 배양접시를 우연히 오염시킨 곰팡이 주위에서 세균 콜로니가 모두 죽어 사라지는 것을 보고 주목하였다. 플레밍은 일찍이 세균의 성장을 막는 여러 물질에 대해 연구하였으며, 그중에서도 눈물이나 타액에 존재하는 이른바 라이소자임이라는 물질에 관심이 있었다. 그는 세균을 억제하는 새로운 물질을 주시하고 있었다.

어느 날 포도상구균을 연구하던 플레밍은 배양 접시와 실험기구를 그대로 내버려 두고, 문단속도 하지 않은 채 그냥 여름휴가를 떠났다. 휴가에서 돌아온 플레밍은 역사적인 발견을 하는데 실험실의 배양 접시에 있던 포도상구균이 죽어 있었던 것이다. 너무 놀란 나머지 자세히 관찰해 보니 죽은 포도상구균 근처에는 푸른곰팡이가 있었다. 이 푸른곰팡이는 플레밍의 연구실 아래 1층에 있었는데 그의 휴가 도중 바람을 타고 창문을 넘어 2층에 있는 플레밍의 실험실까지 날아들었던 것이었다.

그는 이 곰팡이를 배양한 후 배지에 옮겼고, 그 표면을 따라 녹색의 펠트 같은 형태로 곰팡이가 자랐다. 1주일 후 이것을 여과하였을 때, 이 배지에서 세균 성장을 강하게 억제하는 효과가 나타났으며, 500~800배로 희석하였을 때에도 포도상구균의 성장을 완전히 억제할 수 있었다. 즉 곰팡이가 이 활성 물질을 배지로 분비했음을 알 수 있었다. 이 곰팡이는 페니실리움 속, 또는 숲속 곰팡이에 속하는 것이었으며, 그는 처음에는 배지를, 그리고 나중에는 그 활성 물질 자체를 '페니실린'이라고 명명하였다. 플레밍의 배양접시를 오염시켰던 것은 페니실린 노타텀으로 밝혀졌다.

페니실린은 여러 종류의 세균에 효과적이었다. 특히 일반적인 화농, 폐렴, 뇌막염, 디프테리아, 파상풍, 괴저균과 같은 세균에 매우 효과적이었다.

감기, 대장균, 장티푸스 및 결핵균과 같은 종류의 세균은 일반적으로 사용되는 페니실린의 양으로는 성장이 억제되지 않았기 때문에,

플레밍은 혼합되어 있는 전체 세균으로부터 페니실린에 효과가 없는 세균을 분리할 수도 있었다. 게다가 일반적으로 쉽게 파괴된다고 알려져 있는 백혈구가 페니실린에는 아무런 영향을 받지 않았다. 또한 페니실린을 생쥐에 투여했을 때도 아무런 영향을 받지 않았다.

이런 점에서 페니실린은 지금까지 발견된 세균에 대한 독성을 갖는 미생물의 생성물들과는 전혀 달랐다. 또한, 이 물질은 고등한 동물들의 세포에 대해서도 동일한 독성을 나타냈다. 이것은 페니실린을 치료제로 이용할 수 있는 가능성이 높다는 것을 의미했다. 실제로 플레밍은 감염된 상처에서 페니실린의 효과를 확인하였다.

플레밍이 이를 발견하고 약 3년이 지난 후, 영국의 화학자 클러터벅, 러벌, 라이스트릭은 순수한 페니실린을 얻기 위해 노력했지만 실패하였다. 그들은 이것이 정제 과정 중에 항세균 효과를 쉽게 잃어버릴 만큼 민감한 물질이라는 것을 알게 되었고, 이는 곧 다른 부분에서도 확인되었다.

옥스퍼드 대학교의 병리학 연구소에서 페니실린을 연구하기 전까지 페니실린은 세균학자의 관심의 대상일 뿐, 실질적인 중요성은 전혀 밝혀지지 않은 미지의 물질일 뿐이었다. 감염성 질병에 대한 인체의 자발적인 방어력에 대한 관심이 있던 하워드 플로리는 동료들과 함께 라이소자임에 관해 연구하고 있었다. 화학자인 에른스트 체인은 이 연구의 마지막 단계에 참여하였고, 1938년 두 연구자는 미생물이 생성하는 또 다른 항박테리아 물질에 관해 공동 연구를 하였다. 그리고 이와 관련하여 처음으로 선택한 물질이 페니실린이었다.

순수한 형태의 페니실린을 제조하는 것은 매우 어려운 일이었지만, 다른 한편으로는 이 물질의 강력한 효과로 높은 성공 확률을 확신할 수 있었다. 체인과 플로리는 이 연구를 계획하기는 했지만, 이 두 사람은 이미 많은 일을 진행하고 있었기 때문에 수많은 공동 연구자들이 이 연구를 함께 했다. 특히 체인, 에이브러햄, 플레처, 가드너, 히틀리, 제닝스, 오르-이윙, 샌더스, 그리고 여성 연구자인 플로리 등 박사들이 열정적으로 참가했다. 그중 히틀리는 실험실에서 제조한 페니실린 용액을 기준으로 페니실린을 함유한 용액의 항균 효과를 상대적으로 측정하는 방법을 고안했다. 이때 기준이 되는 페니실린 용액 1 밀리리터의 활성을 1 옥스퍼드 단위라고 한다.

그 후 페니실린 정제 실험을 하였다. 곰팡이는 용기 안에서 알맞은 영양 배지를 주면서 배양하였고, 이때 공급되는 공기도 솜털을 통과시켜 여과하였다. 그리고 약 1주일 후, 페니실린의 함량이 최고에 달했을 때 추출을 시도하였다. 이때 페니실린은 유기용매에 더 잘 용해되는 산의 형태로 유리되지만, 알칼리에서 염을 형성하고 나면 물이 쉽게 용해될 수 있는 것으로 관찰되었다. 그러므로 배양액에서 이를 추출하기 위해서는 산성화시킨 에테르나 아밀 아세테이트를 사용해야 했다.

또한 페니실린은 수용액에서 쉽게 파괴되므로 유기용매가 증발하지 않도록 낮은 온도에서 추출해야 했다. 그리고 페니실린의 산도를 거의 중화시킨 후에야 수용액으로 회수할 수 있었다. 이런 과정들을 통해서 많은 불순물은 제거되었고, 용액을 낮은 온도에서 증발시켜 안정한 분말 형태의 물질을 얻을 수 있었다. 이렇게 정제한 물질의 활성은 밀리그램당 40~50 옥스퍼드 단위 정도였으며, 이것을 100만분의 1로 희석시켰을 때 포도상구균의 성장이 억제되는 것을 관찰하였다.

이것은 이 물질이 상당히 농축된 활성 물질임을 의미한다. 따라서 그들은 순수한 페니실린을 얻는 데 성공했다고 생각했다. 다른 많은 연구자 또한 이와 비슷한 방법으로 강한 생물학적 활성을 가진 순수한 물질을 얻을 수 있다고 생각했다. 그러나 현대의 생화학 실험으로 이 물질은 결코 순수한 물질이 아니었음을 깨닫게 되었다.

실제로 여기에 포함된 페니실린의 양은 매우 적었다. 현재 제조되는 순수한 페니실린의 결정 1밀리그램은 약 1,650 옥스퍼드 단위의 활성을 갖고 있다. 페니실린의 형태 또한 매우 다양하며 이들은 아마도 서로 다른 효과를 가지고 있는 것으로 생각된다. 페니실린의 화학 성분이 규명된 것에 체인과 에이브러햄이 많은 기여를 하였다.

옥스퍼드 대학교의 연구소는 페니실린에 약간의 독성이 있다는 것, 그리고 피가 나거나 고름이 흘러도 그 효과가 약화되는 것은 아니라는 플레밍의 관찰을 확인할 수 있었다. 이 물질은 소화액에서 쉽게 파괴되었고, 근육이나 피부로 주사하면 몸 안으로 빨리 흡수되고, 또 신장에서 신속하게 배설되었다. 따라서 이 물질이 아픈 사람과 동물에게서 효과를 나타내기 위해서는, 파괴되지 않도록 주의해서 투여하거나 반복적으로 주사해야만 했다. 페니실린에 매우 민감한 화농성 세균 또는 가스괴저 세균을 높은 용량으로 생쥐에 주입하였을 때, 이 제제로 페니실린을 투여받은 동물의 약 90 %가 회복된 반면, 투여하지 않은 대조 동물은 모두 죽었다.

1941년 8월 환자에게 페니실린을 처음 사용해 본 결과가 발표되었지만, 불충분한 약물 공급으로 몇몇 환자는 치료가 중단되었다. 그러나 플로리는 이 새로운 물질에 미국의 많은 연구자의 관심을 집중시키는 데 성공하였다. 그 결과 수많은 연구자들이 협동하여 집중적으로 연구함으로써 순수한 결정을 빠른 시간 안에 얻을 수 있었다. 이제 많은 양의 페니실린을 제조할 수 있었다. 그리고 모든 분야에 수많은 시험이 수행되었다. 그 결과 실질적인 치료에도 어느 정도 사용이 가능해졌다.

많은 연구 결과 페니실린은 전신패혈증, 뇌막염증, 괴저병, 폐렴, 매독, 임질 등을 비롯한 감염성 질환에 매우 효과적으로 알려졌다. 페니실린을 발견하고 여러 질병에 대한 치료제로서의 가치를 확인한 업적은 의학 과학에서 너무나도 중요한 사건이었다. 이 공로로 플레밍, 플로리, 체인은 1945년 노벨 생리의학상을 받는다.

후에 누군가가 플레밍에게 질문을 하였다. 플레밍이 사실 우연하게 페니실린을 발견하였는데 이러한 우연으로 인한 발견이 커다란 상과 명예를 받을 가치가 있는지 답변을 요청했던 것이다. 이때 플레밍은 이렇게 답했다. “우연은 준비된 자에게만 찾아오는 것이라고.” 이를 흔히 ‘세렌디피티’라고 한다. 우연으로 얻어진 위대한 발견이란 뜻이다.

플레밍이 항생제 발견을 위해 돈을 벌 수 있는 기회를 포기하고 그 많은 시간과 노력을 들여 준비하고 있지 않았더라면 항생제의 발견은 다른 사람에 의해 더 늦게 발견되었을지도 모른다. 하늘이 그의 노력에 감동하여 그에게 위대한 순간을 선물한 것인지도 모른다.

위대한 순간은 언제 올지 모른다. 그 순간을 위해 오늘 내가 해야 할 일을 묵묵히 할 뿐이다. 그 나머지는 맡기면 된다. 그래야 내가 자유롭다. 조그만 것에 연연해하지 않고 오늘 행복하고 즐겁게 내가 하고 싶은 것을 할 때 언젠간 그 순간이 위대한 순간이 될 수 있을 것이다.

요즘 내가 드는 생각은 위대한 순간이 아닐지라도 오늘 하루가 소중한 시간이 되도록 노력해야겠다는 생각을 한다. 지나간 일들이야 어쩔 수 없다. 누구나 잘못이 있고 미련이 있기 마련이다. 나도 수많은 시행착오와 실수와 잘못이 너무 많다. 오히려 잘한 것보다는 잘못한 것이 더 많은 것 같다. 하지만 그 시간을 돌이킬 수도 없다. 또한 그것을 후회하고 고민하는 시간도 나의 인생에서는 다시 돌아오지 않을 시간이다. 그럴 바에야 아예 미련을 버리고 더 나은 소중한 시간이 될 수 있도록 오늘 하루를 노력하는 것이 중요한 것 같다.

나에게 오늘이 소중한 시간이 되기 위해서는 어떻게 해야 할까? 소중한 사람들을 위해 많은 것도 필요 없고 내가 할 수 있는 일만 해도 될 것이다. 나에겐 어떤 사람들이 소중할까? 내 생각엔 내가 비록 부족하지만 나를 있는 그대로 받아주고 나를 끝까지 믿어 주는 사람이 소중한 사람인 듯하다. 새로이 많은 사람을 만날 시간이 나에게 별로 없다. 내 주위에 있는 사람, 나를 생각해 주는 사람, 내가 힘들 때 같이 마음을 나누어 주는 사람, 자신이 원하는 것을 나로부터 얻지 못하더라도 그러려니 포용해 줄 수 있는 사람, 나로부터 이익을 원치 않는 사람, 그런 사람을 위해 나의 소중한 시간을 나누고 싶다. 나도 그들에게 그런 사람이 되고 싶다. 바로 그게 오늘 하루를 소중히 살아가는 것이 아닌가 싶다.

그리고 나에게 소중한 일을 하는 것이 오늘 하루를 소중한 순간으로 만들어 가는 것이라 생각된다. 나에게 소중한 일이란 무엇일까? 내가 하고 싶어 하는 일일 것이다. 그런 일들을 하면서 내가 행복을 느낄 수 있으면 된다. 내가 원하지 않는 일을 하지 않던가, 꼭 해야 한다면 내 마음을 조절하여 그 일을 편하게 하면 될 것이다. 소중한 일이 꼭 거창한 것일 필요는 없다. 그러기 위해 욕심을 버리고 마음을 내려놓고 나 자신을 낮추어 오늘 하루 살아있음에 감사하며 많은 것을 바라지 않고 모든 것을 소중하게 생각하며 하나씩 해 나가면 그게 다 나에겐 소중한 일이 될 것이다. 이런 소중한 하루가 모이고 모이면 다른 사람은 몰라도 그것이 나에겐 위대한 순간이 되지 않을까 싶다. 그게 바로 나에겐 내 인생의 세렌디피티다.

◆ 여러 종류의 곰팡이들 ◆

58

꿀벌의 8자 춤과 소통행위

뮌헨 대학교의 칼 폰 프리슈는 복잡한 꿀벌의 행동에 대하여 60년 이상 연구하였다. 그는 일벌이 동료 벌에게 먹이가 풍부한 곳의 방향과 거리를 알려 주기 위해 춤을 춘다는 것을 알아냈다. 먹이를 찾아 나섰던 벌은 꽃에서 꿀을 발견하면 동료에게 돌아와 격렬하게 '8자 춤'을 춘다. 이 벌은 벌집 표면을 따라 걸으면서 몸을 좌우로 흔들며 엉덩이춤을 춘다. 그러다가 춤을 멈추고 왼쪽이나 오른쪽으로 반원 돌기를 하며 출발점으로 돌아온다. 그리고 다시 엉덩이춤을 추다가 반원을 그리며 처음 위치로 돌아오는 과정을 반복한다. 즉 8자 춤은 이런 엉덩이춤과 반원 돌기를 계속 반복하는 행위로 이루어진다. 그리고 나면 다른 일벌들이 그 벌의 뒤를 따라 먹이를 찾으러 나간다.

폰 프리슈는 1944년까지는 다른 벌들이 얻은 정보는 춤을 춘 벌이 찾아낸 꽃의 향기일 뿐이라고 생각했다. 다른 벌들이 춤을 춘 벌에게 더듬이를 가져가 몸에 밴 꽃향기를 감지하는 것이라고 생각했던 것이다. 하지만 1944년 그는 다른 벌들은 벌집 주변을 샅샅이 뒤져 같은 향기를 지닌 꽃을 찾는 게 아니라, 춤을 춘 벌이 먹이를 찾아다녔던 부근을 탐색한다는 것을 알아냈다. 즉 다른 일벌들은 춤을 춘 벌로부터 장소에 대한 정보도 획득한다는 것이다.

그는 꿀벌의 춤으로부터 다음과 같은 것을 밝혀냈다. 엉덩이춤이 지속되는 시간은 비행거리에 비례한다. 벌통 안이 어둡기는 하지만 춤을 춘 벌이 엉덩이춤을 추면서 날개로 윙윙 소리를 내기 때문에 그 지속시간을 알 수 있다. 평균적으로 1초 동안 윙윙 소리를 내며 엉덩이춤을 추었다면 비행거리는 약 1 km라는 것이었다.

또한, 벌집 표면의 세로선을 축으로 엉덩이춤을 추는 각도는 태양의 방향을 기준으로 벌집 밖에서의 먹이까지의 비행 각도를 나타낸다는 것을 밝혀냈다. 예를 들어, 춤을 춘 벌이 엉덩이춤을 추며 세로선을 따라 똑바로 움직인다면 "먹이가 태양과 같은 방향에 있다"라는 것을 의미한다는 것이다. 만약 춤을 춘 벌이 세로선을 축으로 오른쪽 40도 방향을 향하면 "먹이는 태양에서 오른쪽 40도 방향에 있다"라는 것을 뜻한다. 즉, 다른 벌들이 춤을 춘 벌의 움직임을 살펴서 그것을 해독하고 이에 따라 먹이를 찾아 나선다는 것이다. 즉 꿀벌의 춤은 그들의 언어라 할 수 있다. 작은 곤충인 벌이지만 이러한 방식으로 소통한다는 것은 실로 경이롭지 않을 수 없다.

꿀벌들도 나름대로의 소통행위를 할 수 있는 언어가 있는 것이다. 소통은 우리가 생각하는 것처럼 소리와 문자로만 국한되는 것은 아니다. 소통에 있어서 중요한 것은 정보의 정확한 전달이다. 우리는 흔히 말을 주고받고 이야기를 하지만 상대를 오해하거나 상대가 말하는 것을 자신의 입장에서만 이해하고 해석하기에 문제가 발생하는 경우가 많다. 소통은 나의 입장에서 다른 사람을 받아들이는 것이 아니다. 오직 있는 그대로 객관적인 입장에서 상대와 나의 생각과 마음을 주고받는 것이다. 하지만 우리는 많은 경우 상대의 말이나 문자를 나의 입장에서 받아들이려고 하는 경향이 대부분이다. 객관적이지 않은 소통은 아름답지 못하다. 오직 자신만을 나타내기 때문이다. 소통은 서로를 위한 것이지 오직 한쪽만을 위한 것이 아니다.

만약 자신의 입장에서만 상대를 이해하고 해석한다면 차라리 꿀벌처럼 8차 춤을 추는 것이 더 현명한 것인지도 모른다.

◆ 꿀벌의 춤 ◆

59

광우병과 프라이온

미국의 칼턴 가이두섹은 1950년 말에 뉴기니의 고지에 사는 부족민들에게만 나타나는 쿠루라는 질병을 연구하였다. 이 병은 뇌에 점진적으로 손상을 일으켜 결국에는 죽는 병으로 일반적인 전염병의 증상인 열이나 염증은 전혀 나타나지 않는 특징이 있었다. 그럼에도 불구하고 가이두섹은 이 병이 다른 전염병과 같이 어떤 감염원이 있어 발병하는 것이라고 생각하였다. 그리고 이 감염원으로 침팬지도 똑같은 질병을 앓을 수 있다고 주장하였다. 그는 감염시킨 동물에서 처음 증상을 확인하기까지는 1년 반 내지 3년의 시간이 걸렸다. 그리고 이 연구는 쿠루병의 원인을 밝히는 데 중요한 역할을 하였다.

연구가 진행되는 동안 3,000~35,000명이 이 전염병으로 목숨을 잃었다. 마침내 그는 죽은 사람의 살덩이를 나누어 먹는 뉴기니 고지 부족민들의 장례 의식 때문에 이 질병이 감염된다는 것을 발견하였다. 따라서 이 장례 의식은 1959년에 중단되었고, 그 뒤에 태어난 아이들에게는 더 이상 쿠루가 발병하지 않았다. 하지만 어른들에게는 여전히 감염원이 잔존해 있었고, 이는 질병이 사라지고 수십 년이 흐른 뒤에도 쿠루의 감염원이 여전히 유기체 속에 잠복 상태로 남아 있을 수 있다는 것을 의미한다.

가이두섹은 쿠루의 원인을 밝혔으며, 그의 연구는 감염원이 질병을 유발한다는 독특한 형태를 밝혔다는 점에서 매우 큰 의미를 갖는다. 쿠루가 일반적인 전염병 증상이 없이도 전염성 물질로 감염되는 질병이라는 사실은 다른 질병도 이와 비슷한 형태로 발병할 수 있다는 것을 의미하며 이와 같은 감염 경로에 대해서도 연구자들이 주목해야 함을 강조하고 있다. 또한 가이두섹은 초로 치매와 같은 독특한 질병 역시 감염성 질병이라는 것을 증명하였다.

우리 몸의 일반적인 방어 메커니즘은 이러한 종류의 감염원으로부터 우리를 보호할 수 없다. 게다가 이런 것들은 일반적인 바이러스보다 열이나 방사선에 대한 저항력도 강하다. 따라서 우리는 일반적인 바이러스 치료법과는 전혀 다른 방법으로 이런 것들을 치료해야 한다.

가이두섹에 이어 스탠리 프루시너의 연구 또한 중요하다. 그는 광우병의 원인인 프라이온을 발견해 냈다. 프라이온이란 작은 감염성 단백질로서 인간이나 동물에게 치명적인 치매를 일으키는 원인 물질이다. 거의 100년 동안 감염성 질환은 박테리아, 바이러스, 균류나 기생충이 그 원인으로 알려져 왔다. 이러한 모든 감염성 병원체들은 복제가 가능한 유전자를 가지고 있다. 이런 병원체들이 질병을 일으키기 위해서 복제 능력은 필수적이다. 프라이온의 가장 주목할 만한 특징은 유전자 없이도 자기 자신을 복제할 수 있다는 것이다. 프라이온에는 유전물질이 없다. 프라이온이 발견되기 전까지는 유전자 없이 복제한다는 것이 불가능한 일이었다. 때문에 그 누구도 이와 같은 발견을 예상하지 못하였으며, 논쟁을 유발하기도 했다.

프루시너가 프라이온을 발견하기 전까지는 이것에 대해 아무것도 알지 못했다. 하지만 프라이온에 의한 질병 기록은 많았다. 18세기에 아이슬란드에서는 양에게 치명적인 스크래피라는 질병이 처음 발견되었다. 1920년대에는 신경과 전문의인 한스 크로이츠펠트와 알폰스 야콥이 한 남자에게 이와 비슷한 질병을 발견하였다.

당시 무려 17만 마리의 소가 감염된 영국의 광우병에 많은 관심이 쏠렸다. 이러한 질병들은 감염된 개체들의 뇌를 파괴하는 공통점이 있었다. 수년 동안의 잠복기를 거쳐 영향을 받은 뇌 부분은 스펀지 모양으로 서서히 변해간다. 가이두섹은 쿠루병과 크로이츠펠트-야콥병을 원숭이에게 감염시켜 이들 질병이 전염성이라는 것을 증명했다. 1976년 가이두섹이 노벨 생리의학상을 받았을 때에는 전염성 병원체의 특성을 완전히 알지 못했다. 그 당시에는 이러한 질병들이 미확인 바이러스가 원인일 것으로 추측했다. 1970년대부터 스탠리 프루시너가 이 문제를 해결하기 전까지는 이런 병원체의 특성에 관한 별다른 결과가 없었다.

프루시너는 10년간의 힘겨운 노력 끝에 감염성 병원체를 분리하는 데 성공하였다. 이 병원체는 놀랍게도 단백질만으로 되어 있었다. 따라서 그는 이 물질을 단백질성 감염 입자라는 뜻의 프라이온이라고 명명하였다.

하지만 이상하게도 이 단백질은 병에 걸린 개체와 건강한 개체

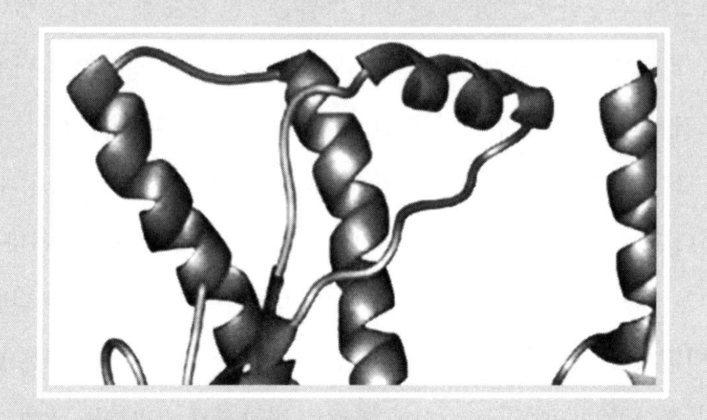

◆ 프라이온의 모습 ◆

모두에서 동일한 양이 발견되었다. 이런 이유로 사람들은 혼란스러워 했으며, 모두들 프루시너의 결과가 잘못되었다고 생각했다. 병에 걸린 개체와 건강한 개체에 모두 존재하는 단백질이라면 이것이 어떻게 병의 원인일 수 있을까? 프루시너는 병에 걸릴 개체 내에 존재하는 단백질이 건강한 개체와는 완전히 다른 3차원 구조를 가지고 있다는 것을 밝히면서 이 문제는 완전히 해결되었다. 그는 정상적인 단백질 구조가 변형되어 질병을 일으킬 수 있다는 가설을 세웠다.

그가 제안한 이 작용은 지킬 박사가 하이드로 변하는 과정과 비슷하다고 할 수 있다. 같은 존재이지만 두 가지 표현이 가능하다. 즉 하나는 해가 없지만 다른 하나는 매우 치명적이다. 그런데 이 단백질은 어떻게 유전자 없이 복제될 수 있을까? 프루시너는 프라이온 단백질이 정상적인 단백질을 위험한 형태로 변하게끔 압박하는 연쇄 반응을 일으키면서 복제하기 때문이라고 주장했다. 즉 위험한 단백질과 정상적인 단백질이 만나면 정상적인 단백질이 위험한 단백질로 변한다는 것이다. 또한 프라이온 질병은 가능한 발병 기전이 세 가지라는 점에서 주목할 만하다. 즉, 자연적으로, 혹은 전염으로 아니면 유전적으로 발병할 수 있다.

프라이온이 유전자 없이 복제하여 병을 일으킬 수 있다는 가설은 1980년대의 전형적인 개념의 영향으로 강한 비판을 받았다. 프루시너는 압도적인 강한 반발에 부딪히면서 10년이 넘게 힘겨운 싸움을 계속하였다. 그러나 다행히도 1990년대에 와서 프라이온 가설에 대한 강한 지지 세력이 생겼다. 그리고 스크래피, 쿠루병, 그리고 광우병에 관한 불가사의는 결국 해명되었다. 게다가 프라이온의 발견은 알츠하이머병과 같은 보다 흔한 치매의 병인을 밝혀낼 수 있는 새로운 발판을 마련하였다.

광우병에 걸리는 원인은 어쩌면 돈을 많이 벌려는 인간의 욕심에서 비롯되었는지도 모른다. 경제적인 이윤을 위하여 자본을 최소한으로 들이고 많은 이익을 얻기 위해 소를 집단으로 좁은 공간에서 사육하였다. 운동도 못하고 움직이기조차 힘들게 소들을 가두어 놓고 가장 싼 가격의 사료를 먹여 최소한의 시간 안에 최대한의 무게가 나가는 소를 키우기 위해 사람들은 욕심을 부렸다. 사람들은 더 싼 사료를 위해 도축한 소들의 뼈와 내장과 뇌 같은 것들까지 기계로 갈아서 사료에 섞어 소들에게 먹였다. 어찌 보면 소가 소를 먹은 것이다.

그러한 사료의 성분들은 어떤 과정을 거쳐 소의 내부에서 변이를 일으켜 프라이온이라는 일종의 단백질 같은 물질을 만들어 내었고 이 프라이온이 소의 뇌 일부를 파괴시키면서 문제를 일으키면 정상적인 소가 미치게 되는 광우병에 걸리는 것이다. 광우병에 걸린 소는 결국엔 사망하게 되고, 이 광우병에 걸린 소를 먹은 사람도 정신병을 일으키게 되는데 이것이 인간 광우병이다. 광록병이라는 것도 있다. 미국 네브라스카에는 사슴 목장들도 많은데 똑같은 방식으로 사슴을 키우다 사슴마저 광록병에 걸리는 것이다.

사람의 욕심에는 끝이 없는 듯하다. 아무리 돈이 좋다고 해도 돈을 많이 벌기 위해서 모든 수단을 동원하다 보면 반드시 그 대가가 있기 마련이다. 이제는 법적으로 도축한 소를 사료로 만드는 것은 엄격하게 금지되어 있다.

우리 인간이 욕심을 절제하는 것은 불가능한 것일까? 너무 많이 먹어 비만에 걸리고 그 비만으로 인해 병에 걸리고 또한 살을 빼기 위해 돈과 시간을 쓰는 이러한 일은 왜 일어나는 것일까? 광우병의 진짜 원인은 아마 인간의 욕심이었는지도 모른다.

◆ 소에게는 잘못이 없다. ◆

60

전자가 쌍을 이루게 되면

1913년 노벨 물리학상은 네덜란드 라이덴 대학의 카메를링 온네스에게 주어졌다. 그는 냉각기법을 연구하여 액체 헬륨을 제조했고, 저온에서의 물질 특성에 대한 연구에서 큰 업적을 이루어 냈다.

19세기 다양한 압력과 온도에서 일어나는 기체의 거동에 대한 연구는 물리학을 크게 발전시켰다. 이후 기체의 압력, 부피, 온도 사이의 연관 관계는 물리학의 핵심 분야 중 하나인 열역학에서 매우 중요한 역할을 해 왔다.

1873년과 1880년 판데르 발스는 기체의 운동을 설명하는 유명한 법칙을 발표하였다. 판데르 발스의 기체 법칙은 열역학의 발전에 아주 중요한 기여를 했다. 기체의 특정 성질은 분자와 분자 사이에 작용하는 힘으로 설명될 수 있다는 가정하에 만들어진 판데르 발스의 열역학 법칙은 사실 비논리적인 기초에서 만들어진 것이었다. 실제 기체는 압력과 온도에 따라 변화되는 성질이 판데르 발스가 가정한 것과 상당히 큰 차이를 보인다.

따라서 판데르 발스의 법칙에서 벗어나는 현상을 체계적으로 연구하고 온도와 분자구조의 변화에 따라 기체가 어떤 거동을 보이는지를 연구하는 것은 분자의 성질과 그것에 관련된 현상을 이해하는 데 많은 도움을 준다.

1880년대 초반 네덜란드의 오네스 교수는 자신의 실험실을 만들면서 기체와 관련된 연구를 시작했다. 그는 실험에 필요한 장치를 직접 설계하고 개선하여 놀랄 만한 성공을 거두었다. 오네스 교수는 단원자와 다원자 기체 그리고 기체 혼합물의 열역학적 성질을 연구해 현대 열역학의 발전에 크게 이바지하였다. 또한, 설명하기 매우 힘들었던, 기체들이 저온에서 독특하게 행동하는 현상에 대해 명료하게 설명하였다. 그는 물질의 구조와 그것에 관련된 현상에 대한 우리의 지식을 넓히는 데 크게 기여하였다.

특히 오네스 교수의 연구는 인류가 추구해온 가장 낮은 온도를 달성했다는 데 더 중요한 의미가 있다. 오네스 교수가 도달한 온도는 열역학에서 언급하는 가장 낮은 온도인 절대0도에 매우 가까이 다가갔다.

일반적으로 저온에 도달하기 위해서는 이른바 비활성 기체를 응축시켜야만 가능하다. 패러데이는 1820년대 중반, 선구적으로 이 연구를 수행하였는데 이는 열역학에서 가장 중요한 과제 중의 하나였다.

올체프스키, 린데 그리고 햄프슨이 다양한 방법으로 액체 산소와 공기를 제조하였고, 듀어는 실험적인 많은 어려움을 극복하고 수소 응축에 성공하였다. 이 같은 연구를 통해 섭씨 영하 259도, 즉 절대

0도에서 단지 14도 높은 저온 상태까지 도달할 수 있었다.

이와 같은 저온 상태에서는 모든 알려진 기체들이 쉽게 응축되는데, 1895년 대기에서 발견된 헬륨만은 예외였다. 따라서 헬륨을 응축시킬 수 있다면 더 낮은 온도에 도달할 수 있었다. 올체프스키와 듀어, 트레버스와 자크로드는 액체 헬륨을 얻기 위해 많은 응축 방법을 사용했지만 결국 실패하고 말았다. 일련의 실패 이후 사람들은 헬륨 액화는 불가능하다고 생각했다.

1908년 오네스 교수는 이 문제를 마침내 해결하였다. 즉 오네스 교수가 처음으로 액체 헬륨을 제조한 것이다. 오네스 교수는 저온에서의 기체와 액체의 성질을 연구하면서 최종적으로 헬륨의 이른바 등온선을 얻었으며, 이 등온선을 얻으면서 획득된 지식이 헬륨의 액화를 위한 첫 단계가 되었다. 이후 오네스 교수는 액체 헬륨을 채운 차가운 수조를 만들어 절대온도 1.15도에서 4.3도 사이에 놓인 물질의 성질을 연구하였다.

물리학에서 이러한 저온에 도달하는 것은 매우 중요하다. 왜냐하면 이 온도에서는 물질의 성질과 물리 현상이 상온이나 고온과는 일반적으로 상당히 다를 것이기 때문이다. 그리고 온도에 따른 변화를 이해하는 것은 현대 물리학의 많은 의문을 해결할 수 있는 중요한 과정이다.

기체의 열역학에서 빌려온 많은 원리들이 이른바 전자 이론에서 사용되었다. 그리고 많은 전자 이론은 물질의 전기적, 자기적, 광학적, 그리고 열적 현상을 설명하는 길잡이이다.

하지만 온도가 매우 낮아진다면 상황은 달라진다. 오네스 교수가 바로 액체 헬륨 온도에서의 전기 전도에 저항 연구를 하여 위대한 업적을 이루어냈다. 바로 초전도성의 발견이었다.

초전도성은 많은 금속에서 일어나는 특이한 현상이다. 금속은 보통 상태에서는 일정한 전기저항값을 가지고 있다. 전기저항은 온도에 따라 변하는데, 온도가 내려가면 그 값이 감소한다. 그러나 많은 금속 물질에서 저항값이 온도 감소에 따라 단순히 감소하는 것이 아니라 어떤 특정 임계온도 이하에서 갑자기 사라지는 현상이 일어난다. 이 임계온도는 물질의 고유한 특성 중 하나이다.

초전도체라는 용어는 전기저항이 완전히 사라진다는 것을 의미하는 말로서 나중에 엄밀하게 증명되었다. 낮은 온도에서 초전도성의 납으로 만든 고리가 2년 반 동안 전류의 손실이 전혀 없이 수백 암페어의 전류를 흘리기도 했다.

1930년대에 또 하나의 중요한 발견이 있었다. 초전도체 내로는 외부의 자기장이 뚫고 들어가지 못한다는 것을 발견한 것이다. 초전도체로 만든 그릇에 영구자석을 넣으면 자신의 자기력선을 쿠션 삼아 공기 중에 떠버린다. 이 현상은 마찰 없는 베어링을 만들 수 있음을 보여주는 하나의 예가 된다.

초전도체가 되면서 금속의 특성들이 많이 달라지며 보통 상태와는 전혀 다른 새로운 효과들이 나타난다. 많은 실험 결과들은 초전도성이 근본적으로 다른 상태라는 것을 명확히 보여주고 있다.

초전도 상태로의 전이는 보통 절대0도보다 몇 도 정도 높은 매우 낮은 온도에서 일어난다. 이 때문에 과거에는 초전도성이 실제로 응용된 경우가 거의 없었고, 광범위한 과학적 관심의 대상이었음에도 불구하고 이에 관한 연구는 저온물리학 실험실에만 가능했다. 그러나 이런 상황은 빠르게 변화하고 있으며 초전도 기기의 사용도 빠르게 늘어나고 있다.

초전도에 관한 실험 연구의 역사는 오래되었지만, 핵심적인 문제인 이 현상의 물리적 원인은 1950년대 말까지 미스터리로 남아 있었다. 많은 물리학자가 이 문제에 도전했지만 성공하지 못했다. 그 이유는 찾으려는 기전이 대단히 독특한 특성을 가지고 있기 때문이다. 보통 상태에서는 전자들이 각각 임의로 움직인다. 이것은 마치 가스 내의 원자들과 비슷해서 원리상으로는 그 이론적 설명이 매우 간단하다. 그러나 초전도 금속 내에서는 전자들의 집합 상태가 존재한다는 것이 실험적으로 밝혀져 있었다. 즉 전자들이 강하게 짝을 이루고 서로 관련을 가진 채 움직인다는 것이다. 그래서 수많은 전자를 포함하는 거시적인 규모에서 대규모 결맞춤 상태가 존재할 수 있는 것이다. 이러한 짝짓기의 물리적 기전은 오랫동안 알려져 있지 않았다. 1950년에 이 문제를 해결할 수 있는 중요한 반전이 이루어졌는데 이론적으로, 그리고 실험적으로 초전도성이 전자의 운동과 금속격자를 이루는 원자의 진동 사이에 일어나는 상호작용과 관련되어 있음이 밝혀진 것이다.

전자들의 짝짓기에 관한 근본개념으로부터 바딘, 쿠퍼 그리고 슈리퍼는 초전도 이론을 개발했으며 1957년 초전도 현상을 이론적으로 완전히 설명하는 논문을 발표했다.

그 이론에 따르면 전자와 격자 진동이 연결되면서 전자들이 단단한 짝을 형성하게 되는데 바로 이 전자의 짝들이 이론의 핵심이다.

바딘, 쿠퍼 그리고 슈리퍼는 각각의 전자쌍이 매우 강하게 연관되어 있으며, 이것이 수많은 전자로 이루어진 거대한 결맞춤 상태를 만든다는 것을 보여주었다. 이로써 초전도성의 기전에 관한 완전한 이해가 이루어졌다. 보통 상태에서 일어나는 개별 전자들의 임의적인 움직임과는 다른 바로 이 질서 정연한 전자들의 움직임 때문에 초전도성이라는 특별한 성질이 나타나는 것이다. 이 이론을 "BCS 이론"이라고 부르기도 한다.

이 이론은 1957년 이후 확장과 수정을 거치면서 초전도 특성의 매우 세세한 부분까지도 설명할 수 있게 되었다. 또한 이 이론은 새로운 효과를 예측했으며, 이는 새로운 영역을 여는 이론적, 실험적 연구를 촉발하였다.

어떻게 해서 전자들은 같은 음전하인데도 불구하고 서로 짝을 이루어 고체 내에서 움직일 수 있는 것일까? 그것은 그냥 이루어지는 것은 아니고 격자 진동이라는 조건이 필요한 것이다. 우리가 생각하기에 상식적으로 불가능할 것 같은 것도 자연에서는 쉽게 관측되는 것이 사실이다. 우리의 사고의 틀이 어쩌면 너무 작은 것일 수도 있다. 우리가 알고 있는 것만으로 이해를 하려 하고, 시도를 하니 처음에는 이해가 되지 않는 것이다. 그러한 우리의 상식의 틀을 깨어 버릴 필요가 있다. 내가 지금 생각하고 있는 것이 잘못일 수 있다는 열린 가능성을 항상 염두에 두어야 비로소 새로운 세계, 아니 진실된 세계를 볼 수 있는 것이다. 자연의 아름다움은 그러한 시야를 가지고 있어야 가능하며, 우리가 그러한 자연을 이해하고 그 원리에 따라 살아간다면 자연의 일부인 우리도 아름다운 삶이 가능하지 않을까 싶다.

61

최종이론은 가능할까?

물리학에서 힘이라는 개념은 어떤 입자나 물체의 운동 상태 변화를 기술할 때 사용된다. 현대 과학의 가장 큰 발견은 자연의 모든 현상을 중력, 전자기력, 강력, 약력 등 네 가지의 힘으로 기술 가능하다는 것이다.

중력은 우리에게 가장 익숙한 힘으로 고층 빌딩에서 뛰어내릴 때처럼 그 위력이 대단해 보이지만, 위의 네 가지 힘들 중에는 중력이 가장 약하다. 전자기력은 전기력과 자기력을 합한 개념으로 원자들을 서로 묶어 두며, 우주 연구에 도움이 되는 전자기복사를 만들어 낸다. 약력은 강력과 비교하면 약하지만, 중력보다는 훨씬 강한 힘이다.

약력과 강력은 나머지 힘들과는 달리 원자핵의 크기나 그보다 작은 영역에서만 작용한다. 약력은 방사능 붕괴나 중성미자의 생성 반응과 관련된다. 한편, 강력은 원자핵 내에서 양성자와 중성자를 묶어 두는 역할을 한다.

물리학자들은 왜 우주에 하필이면 4개의 힘만이 존재하는지 궁금했다. 이에 대한 해답의 실마리는 전자기력에서 찾을 수 있었다. 오랜 세월 동안 과학자들은 전기력과 자기력이 서로 독립된 것으로 생각해 왔지만, 제임스 맥스웰은 이 두 가지 힘을 하나고 통일시킴으로써, 같은 현상의 양면에 불과함을 입증했다. 많은 과학자들은 우리가 아는 네 가지 힘들도 같은 방법으로 통일시킬 가능성을 찾게 되었다. 물리학자들은 네 가지 중에서 세 가지의 힘들을 통합하는 대통일이론(Grand Unified Theories)을 만들었다. 이 이론에서는 강력, 약력, 그리고 전자기력은 3개의 서로 독립된 힘이 아니라, 한 가지 힘의 세 가지 다른 모습이라고 설명하고 있다. 온도가 매우 높은 상태에서는 오직 한 가지 힘만이 존재하지만, 온도가 낮아지면서 그 힘이 세 가지의 다른 힘들로 분리된다는 것이다. 여러 종류의 기체들이 혼재된 상태에서는 각 기체들이 서로 다른 온도에서 응결되듯이, 하나로 통합된 힘도 온도가 하강함에 따라 적절한 온도에 이르게 되면 그 온도에 해당하는 다른 힘이 하나씩 차례로 빠져나온다는 설명이다. 불행하게도 세 가지의 힘이 하나였던 때의 온도는 워낙 높아서 지상의 어떤 실험실에서도 그 조건을 재현해 낼 수 없다. 오직 우주 탄생 후 10^{-35}초 이전 초기 우주의 고온에서만 이 힘들의 통합이 가능했다.

물리학자는 기본 힘을 연구하여 몇 가지 공통점을 발견했다. 첫 번째 공통점은 힘의 세기를 결정하는 물리량이 있다는 것이다. 중력은 질량(mass), 전자기력은 전기전하(electric charge), 강력은 강전하(strong charge), 약력은 약전하(weak charge)라는 양에 의해 결정된다. 두 번째 공통점은 게이지 입자라고 불리는 힘을 전달하는 입자가 있다는 것이다. 물체의 에너지나 속도가 변했을 때 뉴턴역학에서는 힘을 받았기 때문이라고 해석하는데, 변화된 에너지나 속도를 제공해 주는 실체를 입자로 해석할 수 있다. 전자기력은 광자(photon), 중력은 중력자(graviton), 약력은 W와 Z 입자(W & Z boson), 그리고 강력은 글루온(gluon)에 의해 전달된다. 세 번째 공통점은 수학적으로 구조가 유사한 대칭성의 원리를 이용하면 네 가지 힘이 존재해야 하는 이유와 기본 성질을 설명할 수 있다는 것이다.

이러한 공통점들은 이 힘들이 동일한 기본원리에 의해 통일될 가능성을 보여준다. 하지만 힘의 세기나 작용하는 입자가 다른 힘들이 어떻게 하나로 통합될 수 있을까? 그 실마리는 온도에 따라 힘의 세기가 달라진다는 데 있다. 낮은 에너지 상태에서는 서로 다른 형태로 나타나는 힘이 높은 온도 조건에서는 하나로 통합이 될 수 있음을 내포한다. 힘의 세기는 거리에 따라서도 달라지는데 약 10^{-32} cm의 거리에서 크기가 같아진다는 것이 밝혀졌다.

힘이 각각 다른 입자에 작용하는 문제는 질량이 큰 매개 입자가 존재해서 충돌로 입자가 생성되었을 것으로 추측해 볼 수 있다. 그리고 매개 입자의 질량이 매우 크다는 것은 이 입자들의 생성 당시의 온도가 매우 높았다는 것을 의미한다. (아인슈타인의 질량-에너지 등가 원리에 의해 질량은 곧 에너지이고, 에너지가 높다는 것은 온도가 높다는 것을 의미하기 때문이다.)

기본 힘의 통일 연구에서 거둔 첫 번째 성공은 약력과 전자기력의 통합이다. 1967년 스티븐 와인버그(Steven Weinberg, 1933~2021)와 압두스 살람(Mohammad Abdus Salam, 1926~1996) 등은 새로운 무거운 입자를 매개로 한 전자기력-약력(전약력)의 통합이론을 제시하였는데,

1983년의 CERN의 실험을 통해서 예측하였던 두 종류의 새로운 기본입자들이 발견됨으로써 옳다는 것이 입증되었다. 이에 힘을 얻은 물리학자는 통합된 전약력에 강력을 통합하는 대통일이론(GUT, Grand Unified Theory)을 연구하게 되었다. 이론적으로 전약력과 강력은 온도가 약 1,028 K까지 올라가면 세기가 같아질 것으로 예측하였다.

1,028 K는 지구상의 입자 충돌에 의해 생성될 수 있는 온도가 아니다. 이 온도는 빅뱅 후 10^{-35}초의 우주 온도에 해당한다. 자연스럽게 대통일이론 연구는 우주론 연구와 연결되어 우주론의 새 패러다임을 제시하였다. 빅뱅이 일어나던 순간에 기본 힘이 하나의 힘(초힘, super force)으로 통합되어 있다가 몇 개의 다른 힘으로 분리되었다. 최초의 순간 힘은 같은 세기로 작용하면서 구별되지 않는 상태였다. 이것을 물리학에서는 대칭성을 갖는다고 표현한다.

대통일이론에서 강력과 전약력은 하나의 힘으로 통합되어 있고, 입자들은 임의의 다른 입자로 변환될 수 있다. 이 반응은 흔히 X 입자와 Y 입자로 불리는 입자들에 의해 매개된다. X 입자는 지금까지 알려진 어떤 입자와도 다른 입자로, 물질을 반물질로 변화시킬 수 있는 입자이다. 모든 기본입자는 자신과 반대의 성질을 갖는 반입자가 존재한다. 하지만 오늘날 우주에는 반입자로 이루어진 반물질이 대량으로 존재한다는 증거는 없으며, 물질이 지배적으로 존재한다. 이와 같은 사실은 우주 초기에 물질과 반물질의 존재량에 차이가 있어야만 설명될 수 있는데, 물리학자들은 X 입자와 그의 반입자가 같은 비율로 붕괴하지 않아 존재량에 차이가 생겨서 오늘날의 불균형 상태로 변화되었다고 설명한다.

한편 두 번째 입자인 Y 입자는 자기홀극(magnetic monopole)이라 불리는 입자로 초기 우주에서 비정상적인 에너지장의 방향이 잘못 배열된 곳에서 생성되었다. 자기홀극은 간단히 말해서 N극 또는 S극만 있는 자석을 의미한다. 이 입자는 우리 우주에 존재하는 전기력과 자기력과의 연관 때문에 대통일이론에서 필연적으로 대량으로 발생하게 된다. 하지만 오늘날 우리 주위에서 볼 수 있는 자석은 N극과 S극이 동시에 존재하며 우주에도 자기홀극이 존재한다는 증거는 없다. 이것을 자기홀극 문제라고 한다.

대통일이론에서 우주는 처음에 에너지 밀도가 높고 대칭성이 높은 상태('가짜 진공'이라 불림)에서 팽창과 냉각을 통해 에너지 밀도가 낮고 대칭성이 낮은 상태로 진화해왔다고 생각한다. 이 과정은 댐이 붕괴하는 과정과 비슷한 맥락에서 이해할 수 있다. 강물은 항상 높은 곳에서 낮은 곳으로 흐르고 강이 이르는 최종 목적지는 가장 해발고도가 낮은 바다가 된다. 하지만 때로는 강물이 바다에 도달하지 않았음에도 흐르지 않고 고여 있는 경우가 있다. 댐으로 강물을 가로막아 놓은 경우이다. 댐에 고인 물은 더 이상 흐르지 않는다. 하지만 댐에 엄청난 압력을 가하고 있다. 만약 댐이 수압을 견디지 못해 한순간에 터지게 되면 엄청난 양의 에너지가 쏟아져 나오고 강물은 바다로 흘러가게 된다. 우주 공간의 에너지가 가장 낮은 상태를 '진공'이라 하면, 바다는 '진공'에 해당하고 댐은 '가짜 진공'에 해당한다.

대통일이론에서는 우주는 강물을 가둬 놓은 댐과 같은 '가짜 진공' 상태에서 시작되었고 힘은 하나의 힘으로 통합되어 있었다고 상정한다. 그런데 어느 순간 이러한 구조가 붕괴하면서 가짜 진공이 진짜 진공으로 전환되었고, 그 과정에서 힘이 분리되었다는 것이다. 이 과정은 물이 얼음으로 바뀌는 상전이(phase transition)와 유사하며 진공의 상전이라 불린다.

자기홀극 문제로 고민하던 앨런 구스(Alan Harvey Guth, 1947~)는 어느 날 우주가 가짜 진공의 상태에서 출발했다면, 초기의 팽창 속도는 지수함수적으로 빨라져서 자기홀극의 밀도가 순식간에 작아질 것이라는 생각을 하였다. 그리고 자기홀극이 발견되지 않는 것은 자기홀극이 존재하지 않기 때문이 아니라 너무 넓은 우주에 흩어져 있어서 찾지 못하는 것이라는 답을 얻었다.

인플레이션 이론에서는 우주 초기에 우주는 가짜 진공 상태에 있어서 진공의 에너지로 가득 차 있었고 상전이가 일어나는 순간 진공의 에너지는 우주를 급격하게 팽창시켜 우주의 인플레이션이 일어났다고 설명한다. 이 과정은 물이 가득 찬 댐이 한꺼번에 터지듯이, 호수의 물이 한꺼번에 얼어붙듯이 극적으로 일어난다. 호수의 물이 얼어붙는 과정은 물 분자들 사이의 미시적인 결합구조가 호수 전체로 확산하는 것이다. 하지만 우주의 인플레이션은 영원히 지속하지는 않는다. 진공에서 흘러나온 에너지가 입자로 흘러들어 가면서 중력이 인력효과를 발휘하여 팽창 속도를 늦추기 때문이다. 이후 인플레이션에 의한 가속 팽창은 멎고 우주는 등속 팽창을 계속하게 되었다는 것이다.

오늘날 인플레이션 이론은 빅뱅의 순간에 일어났던 일을 설명하는 가장 설득력 있는 이론으로 받아들여진다. 그동안 빅뱅이론은 빅뱅의 순간보다 빅뱅 이후에 일어난 일을 설명해왔는데 비해 인플레이션이론은 빅뱅의 순간에 최대한 접근하게 한다. 그리고 인플레이션 이론은 현재의 우주 모습을 자연스럽게 설명한다. 왜 우주가 전체적으로 모든 방향에서 같게 보이는지 우주 공간이 평평한지를 설명한다. 인플레이션으로 우주는 자동으로 곡률이 거의 없어지고 밀도가 임계값에 가까워지기 때문이다.

알버트 아인슈타인에 의한 일반상대성이론 이후 양자 중력 이론에 대한 역사는 100여 년이 넘었다. 그동안의 연구에 의하면 양자 중력에 이르기 위해서는 크게 세 가지의 길이 가능할 것이라고 알려져 왔다. 이 세 가지 길은 흔히 공변적(covariant), 정규적(canonical), 그리고 과거를 모두 더하는 방법(sum over histories)이라 불려진다. 공변적 방법이란 편평한 민코프스키 공간에서 메트릭의 섭동에 관한 양자장이론이라 할 수 있다. 이 이론은 1930년대 로젠펠트, 피어즈 그리고 파울리에 의해 시작되었다. 그리고 1960년대 드위트등에 의해 일반 상대론의 파인만 규칙으로 발전되었고 70년대에 재규격화가 불가능하다는 것이 밝혀졌다. 이는 1980년대 끈이론(string theory)으로 발전하게 된다. 정규적 방법이란 힐버트 공간에서 양자이론을 구축하는 것을 말한다. 이는 베르그만에 의해 시작되었고 50년대 디랙에 이어지게 된다. 그리고 60년대 중반 휠러와 드위트에 의해 양자 중력 이론의 방정식이 탄생하게 된다. 이는 1980년대 후반 루프 양자이론(loop quantum gravity)으로 이어지게 된다. 과거의 합에 의한 방법은 파인만의 경로 적분의 양자화를 이용하는 것이다. 이는 1970년대 호킹의 유클리드 양자 중력 이론(Eucleadian quantum gravity)으로 나타나게 되고 이어 스핀 거품 모델 등으로 발전하게 된다. 이외에도 슈퍼 그래비티

(super gravity), 트위스터 이론(Twistor theory)등 다른 방법들도 많이 있다.

현대 과학의 가장 중요한 이론인 일반상대성이론은 알버트 아인슈타인에 의하여 1916년, 그리고 양자역학은 1926년에 완성되었다. 그 후 1930년에는 보른, 요르단 그리고 디랙 등에 의해 전자기장의 양자역학적 성질에 대해 이해할 수 있게 되었다. 아인슈타인은 1916년 그가 완성한 일반 상대성이론이 양자적인 효과에 의해 보정될 것으로 예측하였다. 1927년 오스카 클라인은 양자 중력이 시공간에 대한 개념을 바꿀 수 있을 것이라고 생각하였다. 그리고 1930년대 초반 로젠펠트는 양자 중력 이론에 대한 구체적인 논문을 발표하였다. 이 논문에서 그는 아인슈타인의 장방정식에 장의 양자화를 위하여 파울리의 게이지 그룹(gauge group) 방법을 적용하였다. 이어 파울리와 피어즈등에 의해 그래비톤(graviton)이 알려지게 되었고 보어는 중성 미자와 그래비톤의 정체성에 대해 고려하게 되었다. 1938년에는 하이젠베르크가 중력결합 상수(gravitational coupling constant)가 차원이 존재한다는 사실이 중력장의 양자화에 있어서 문제를 야기하는 것이라고 지적하였다.

2차 세계대전이 끝난 후 양자 중력 이론에 관한 연구는 본격적으로 시작하게 되었다. 우선 피터 베르그만은 1949년 비선형 장이론에서 위상공간의 양자화에 대한 연구를 시작하였다. 그는 양자적으로 측량 가능한 것은 독립적인 하나의 공간에 대응한다는 것을 논하였다. 이어 로젠펠트, 피어즈, 파울리와 굽타는 중력장의 편평한 공간의 양자화에 대한 논문을 발표하였고 이는 양자 중력 이론에서 공변적인 방법의 시작이 되었다. 이어 1957년에는 찰스 마이스너가 "일반상대성이론에 있어서의 파인만 양자화”라는 개념을 제안하는 논문을 발표하였다. 이 논문에서 그는 중력을 양자화할 수 있는 가능한 세가지의 방법, 즉 공변적(covariant), 정규적(canonical), 그리고 과거를 모두 더하는(sum over histories) 방법에 관하여 논해 큰 주목을 받았다. 디랙은 1959년까지 일반상대론의 정규적인 방법이 어떤 것인지를 알아내었다. 존 휠러는 중력장의 양자적 섭동(fluctuation)이 기하의 작은 범위에서의 섭동이라는 것을 주장을 하였고 시공간의 거품(foam)이라는 새로운 물리적인 개념을 제안하였다. 그는 또한 2+1차원의 양자 중력 이론이 연구해 볼 만한 가치가 있고 아주 유용한 하나의 모델이 될 것이라고 주장하였다. 1964년 영국의 수학자이자 물리학자인 로저 펜로즈는 새로운 개념인 스핀 네트워크라는 것을 이야기하고 이것은 SU(2) 이론에 의한 공간의 이산적인 구조라고 주장하였다. 이는 이로부터 25년 후에 발표되는 루프 양자이론과 거의 동일한 아이디어라 할 수 있다.

1967년 브라이스 드위트는 “휠러-드위트 방정식”에 대한 논문을 발표하였다. 이 방정식은 소위 양자 중력 이론에 대한 처음으로 성공한 방정식으로 알려져 있으며 많은 주목을 받게 되었다. 이어 존 휠러는 $\Psi(q)$의 의미를 초공간(superspace)이라고 논하였다. 드위트의 논문을 바탕으로 공변적 양자 중력 이론이 발전되었고 마이스너는 양자 우주론(quantum cosmology)이라는 새로운 분야를 탐색하기 시작하였다. 1971년에는 드위트의 방법을 이용하여 트후프트와 벨트만은 일반 상대론에 있어서의 재규격화 이론을 연구하기 시작했고 이어 양-밀스 이론의 재규격화에 성공하기에 이르렀으며 이로 인해 두 사람은 후에 이에 대한 공로로 노벨 물리학상을 수상하게 된다.

1974년 스티븐 호킹은 블랙홀 복사를 유도해 내었다. 여기서 그는 질량이 M인 슈바르츠쉴트 블랙홀은 온도 $T = \frac{hc^3}{8\pi kGM}$에서 열복사가 나온다는 주장을 하였고 이는 1년 전에 베켄슈타인이 엔트로피와 블랙홀의 연관성에 관한 아이디어와 겹쳐 큰 관심을 끌게 되었다. 호킹의 연구는 휘어진 시공간에 대한 양자장이론의 응용이라서 양자 중력과는 직접적 연관성이 없었으나 큰 영향을 끼치게 된 것은 사실이다. 그는 블랙홀 열역학이라는 새로운 분야를 개척하게 되었고 블랙홀 엔트로피라는 새로운 양자 중력의 문제를 이끌어 내었다. 이는 가속운동 하는 관찰자의 양자 이론, 중력 그리고 열역학의 관계에 대해 생각하는 계기를 마련하게 된다. 이어 호킹과 하틀은 1983년 우주 파동 함수(wave function of the universe)라는 양자 중력과 양자 우주론에 대한 새로운 아이디어를 발표하였다. 1980년대는 양자 중력 이론의 발전에 있어서는 무엇보다도 중요한 끈 이론(string theory)의 등장이라고 할 수 있을 것이다. 1984년 그린과 슈바르쯔는 끈(string)이라는 새로운 개념을 발표하면서 이 끈이 우리의 우주를 설명할 수 있을 것이라고 주장하였다. 이후 10차원의 초끈이론과 4차원의 물리학의 관계가 칼라비-야우 다양체의 형식으로 연구되었다. 당시 물리학계에서는 초끈이론이 양자 중력 이론의 최종적인 대안이 될 수 있을 것이라는 희망에 휩싸이기도 하였다. 1986년에는 압헤이 아쉬태커에 의해 일반 상대론의 연결 공식(connection formulation)이 연구되었다. 1988년에는 연결 공식(connection formulation)의 휠러-드위트 방정식에 대한 해를 얻게 되었고 이는 루프 양자 중력 이론(loop quantum gravity)이 나타나게 된 계기를 마련하였다. 에드워드 위튼은 1988년 위상 양자장이론(topological quantum field theory, TQFT)을 제안하였고 2+1차원에서의 일반 상대론의 양자화할 수 있는 독창적인 방법을 알게 되었다. 이후 초끈이론에 대한 수많은 연구가 수행되었다. 그중 특히 1995년에 끈이론에 있어서 비섭동(nonperturbative) 이론, 즉 브레인(branes), 듀앨리티(dualities), M 이론 등이 제안되었다. 같은 해에는 스핀 네트워크(spin network)와 정규 직교 기저(orthonormal basis)를 이용해 루프 양자 이론에서 힐버트 공간에 대해 연구되었고, 이어 루프 양자 이론에 대한 엄밀한 수학적인 틀과 방법이 마련되면서 이 분야의 발전이 있게 되었다. 2000년에는 리 스몰린이 루프 양자 이론과 끈이론의 관계에 대해 시도를 하였다. 이후 양자 중력 이론의 세 가지 분야에서 많은 연구자들에 의해 여러 방향으로 연구가 계속되어 오고 있다.

수학이나 기초과학 분야에서 어떤 이론이나 아이디어가 서로 잘 맞지 않는 경우 이를 해결하기 위한 과정에서 중요한 발견이나 발전이 이루어지곤 한다. 예를 든다면, 맥스웰방정식과 갈릴레이 변환 사이의 양립하지 않는 문제로부터 아인슈타인의 특수상대성이론이 나타났고, 특수상대성이론과 뉴턴의 만유인력 사이의 문제로부터 일반상대성이론이 발전되었으며, 특수상대성이론과 양자역학으로부터 양자장이론이 나타나게 되었다. 또한, 양자장이론과 일반상대론은 양립하지 않으며, 일반상대성이론을 양자화하기 위해서는 재규격화 이론이 필요하다. 이를 위해서는 아주 짧은 길이나 아주 높은 에너지의 경우에서 가능할 것으로 추측된다.

이를 위해 끈 이론에서는 양자장이론에서의 중요한 가장 기본적인 가정을 포기해야 한다. 이는 소립자가 수학적으로 점입자가 아니라 1차원적으로 연장 가능한 끈이라 불리는 것으로 대체한다는 것이다. 또한, 초끈이론은 만유인력까지 포함하여 기본적인 네 가지 힘을 합할 수 있을 것으로 많은 학자들이 기대하고 있다. 아직 초끈이론이 완벽하지는 않지만 최근 우주론의 발전과 함께 많은 발전이 있었다.

하지만 초끈이론에 있어 아직 해결해야 할 중요한 것들이 있다. 첫째는 아주 짧은 거리나 아주 높은 에너지 영역에서는 이 이론이 성공적이지만 일상생활의 영역에서는 일반상대론의 형태가 아직도 끈이 아닌 원래의 아인슈타인의 형식으로 전개된다는 것이다. 즉 양자장이론에서는 만유인력의 존재가 필요하지 않지만 끈 이론에서는 만유인력이 필요하다는 것이다. 둘째는 표준모델(standard model)을 구성하는 양-밀스(Yang-Mills) 게이지 이론이 끈 이론에서는 자연적으로 나타난다는 것이다. 아직까지도 $SU(3)\times SU(2)\times SU(1)$ 게이지 이론을 왜 표준모델이 선호하는지 잘 알지 못한다. 셋째는 끈 이론의 해는 초대칭성이라는 것이다. 일반상대론이나 게이지 이론에서는 이와는 다르다. 또한, 초끈이론의 결과들이 아직 실험적으로는 발견되지 않고 있다.

초끈이론의 가장 중요한 예측 중의 하나는 초대칭성이다. 초대칭성이 깨지는 에너지 범위는 100 GeV～1 TeV 근처이다. 대칭성이란 일반적으로 알려진 소립자는 항상 짝이 되는 소립자가 있다는 것이다. 일반적으로 초대칭성에는 R-대칭성이라 불리는 곱이 되어 보존되는 물리량이 존재한다. 우리에게 알려진 대부분의 입자는 짝수 배로 되는 R-대칭성이 존재하며, 이 입자들의 짝이 되는 초입자들은 홀수 배의 R-대칭성이 존재한다. 이러한 초입자들은 입자 간의 충돌에서 생겨난다. 가장 가벼운 초대칭적 입자는 절대적으로 안정적이다. 가장 대표적인 예가 뉴트랄리노(neutralino)라고 불리는 것이다. 이 입자는 전기적으로 중성인 페르미온이다. 이러한 입자는 아주 약하게 상호작용을 하기에 대표적인 암흑물질의 후보이다.

현재로서는 초끈이론이 일반상대론과 양자장이론이 양립할 수 없는 문제점들을 해결하고 네 가지의 기본적인 힘을 합칠 수 있는 가장 유력한 후보로 알려져 있다. 지난 50년간 초끈이론이 어떻게 발전되어 왔는지를 살펴보는 것은 앞으로의 더 많은 연구와 노력으로 이러한 문제점들을 잘 해결하고, 보다 나은 이론으로서 정립해 나갈 수 있는지를 판단해 보는 데 유용할 것이다.

양자장이론에서는 가장 기본적인 소립자를 점으로 가정하지만, 섭동적 끈 이론에서 가장 기본적인 개체는 1차원적인 끈이다. 끈은 길이의 특징을 가지고 있다. 끈 이론은 중력을 포함한 상대론적 양자이론이며, 기본적인 상수로 c(빛의 속도), $h/2\pi$(플랑크 상수를 2π로 나눈 것), G(만유인력 상수) 등이 사용된다. 흔히 플랑크 길이는 다음과 같이 표현된다.

$$l_p = (\frac{hG}{2\pi c^3})^{3/2} = 1.6 \times 10^{-33}\text{cm}$$

플랑크 질량은

$$m_p = (\frac{hc}{2\pi G})^{1/2} = 1.2 \times 10^{19} eV/c^2$$

극히 낮은 에너지에서 끈은 점입자에 근사된다. 이러한 점에서 끈 이론은 양자장이론에서 성공적이라 할 수 있는 것이다. 끈은 시간이 진행됨에 따라 시공간에서 2차원 표면을 지나가는데 이를 끈의 세계 시트(world sheet of the string)이라고도 한다.

양자장이론에서는 진폭(amplitude)은 파인만 다이어그램(Feynman diagram)과 관계되는데 이는 가능한 세계선(world line)의 배열을 말한다. 또한 상호작용(interaction)이란 세계선 간의 교차를 말한다.

섭동 이론은 양자전기역학 같은 분야에서 아주 유용하다. 이는 물리량을 작은 매개변수를 이용하여 멱급수로 전개할 수 있기 때문이다. 양자전기역학에 의하면, 아주 작은 매개변수인 파인-스트럭처(fine-structure) 상수($\alpha \sim 1/137$)를 사용한다. 양자색역학(QCD)에서도 섭동 이론이 유용한 때도 있지만 그렇지 않은 예도 있다. 하드론의 에너지 스펙트럼을 계산할 때는 비섭동적인 방법이 필요한데 이는 바로 격자 게이지 이론(lattice gauge theory)이다. 끈 이론에서는 차원이 없는 끈결합상수(string coupling constant, 흔히 g_s로 표현된다)가 사용된다.

양자역학은 정확한 위치와 운동량을 갖은 입자를 대신하여 확률 개념을 도입했다. 양자역학의 선구자 중의 한 명은 하이젠베르크는 양자역학이라는 이론을 산란(scattering) 행렬만으로 서술할 수 있어야 한다고 주장했다. 여기서 산란 행렬(S-matrix)이란 멀리 떨어져 있는 두 개의 입자가 서로 가까이 다가올 때 어떤 일이 일어나는지를 말해주는 수학적 양이다. 두 입자가 충돌 후 단순히 사라져 버릴지, 아니면 충돌과 함께 소멸하면서 새로운 입자를 만들어 낼지는 이 S-행렬에 의해 알 수 있다.

1960년대 초반 강한 상호작용 이론을 연구하던 제프리 츄(G. Chew)는 '해석적 S-행렬'이라는 새로운 유형의 S-행렬을 제안하였는데 여기서 '해석적'이란 입자의 초기 에너지와 운동량의 변화에 따라 S-행렬이 변해 가는 방식에 해석적 조건을 부과했다는 것이다. 이 조건은 에너지와 운동량은 실수가 아닌 복소수로 표현되며, S-행렬에 부과된 해석적 조건은 '분산관계(dispersion relation)'라는 방정식으로 나타난다. 츄는 해석적 조건과 몇 개의 원리로부터 S-행렬을 단 하나의 값으로 유일하게 결정할 수 있는 소위 구두끈(bootstrap)을 제안하였다. 해석적 조건을 가하면 각 입자의 기본 특성은 다른 입자와의 상호작용에 의하여 결정되며, 전체 이론은 소립자 대신 구두끈을 잡아당겨 스스로 끌어올리는 체계를 갖게 된다는 것이다.

초기의 끈 이론은 1960년대 가장 연구가 활발했던 하드론 물리학의 이 S-행렬에서 비롯되었다. 1968년 베네치아노(G. Veneziano)는 수학자 오일러(L. Euler)가 창안했던 베타 함수가 해석적 S-행렬의 특성을 서술하는 가장 좋은 도구라고 인식하였다. 베타 함수를 통해 유도된 S-행렬이 가지고 있는 가장 중요한 특징은 이중성(duality)이다. 듀얼리티란 강력을 교환하는 입자들을 바라보는 방식이 두 가지가 있으며 각 방식마다 서로 다른 행동 양식이 관측된다는 의미이다. 이후로 남부(Y. Nambu), 서스킨드(R. Susskind), 닐슨(H. Nielson)은 베네치아노 공식에서 간단한 물리적 의미를 유추하는 데 성공했는데, 양자장이론의 S-행렬이 고전역학에서 입자를 끈으로 간주한다는 것이다. 여기서 말하는 끈이란 공간 속에 존재하는 1차원 경로로서 이상적인 끈 조각이 3차원 공간 속에서 점유하는 위치를 말하며 이러한 끈은 열려 있을 수도, 닫혀 있을 수도 있다.

이후로 많은 학자들이 입자를 대신해 끈에 양자역학의 표준 방법을 적용하여 양자역학적 끈 이론을 만들어 냈으나, 두 가지 문제에 직면하게 된다. 첫째는 끈이 거하는 공간이 4차원이 아니라 26차원이라는 것이고, 둘째는 빛보다 빠르게 움직이는 타키온을 포함해야 한다는 것이었다. 타키온이 이론에 포함되면 양자장이론은 타당한 체계를 유지할 수 없다. 그 이유는 정보가 과거로 전달되기 때문에 인과율과 위배되며, 타키온을 포함한 이론에서는 진공에서 타키온의 붕괴를 허용하기 때문에 안정된 진공상태가 존재하기 어렵기 때문이다.

1970년 피에르 라몽은 3차원 변수를 갖는 디랙방정식을 무한차원으로 확장시켜서 최초로 페르미온을 포함하는 끈 이론을 구축했다. 그 후 많은 학자들의 연구로 인해 페르미온을 포함한 끈 이론이 타당해지려면 끈이 거하는 공간이 26차원이 아니라 10차원이어야 한다는 것을 알아냈다.

공간 속에서 1차원 끈이 쓸고 지나간 궤적은 2차원 곡면을 이루는데 이것을 끈의 월드 시트(world sheet)라고 한다. 1971~1973년 사이에 4차원 양자장이론에 초대칭을 도입하였고, 끈이론을 연구하던 학자들은 페르미온을 포함한 끈이론은 4차원 초대칭과는 달리 2차원의 초대칭이 존재한다는 것을 알아냈다. 이와 같이 초대칭이 도입된 끈 이론을 "초끈이론"이라 하였고, 초기의 초끈이론은 한동안 강력을 서술할 수 있는 유력한 후보로 떠올랐다. 1973년 점근적 자유성이 발견되면서 많은 학자들이 끈 이론을 포기하고 QCD를 다시 연구하였으나, 슈바르쯔는 초끈이론을 계속 파고들었다. 1979년 슈바르쯔는 그린과 함께 끈 이론의 초대칭을 확립하는 데 성공하였다.

초끈이론은 여러 가지 유형이 있는데 게이지 비정상성이 상쇄되는 이론을 II형 이론(type II)이라 하는데 이 이론에서는 표준모형의 양-밀스 장을 다룰 방법이 없다. 다른 유형인 I형 이론(type I)은 양-밀스 장을 포함할 수 있다. 1984년 슈바르쯔는 I형 이론의 비정상성을 계산하는 데 성공하였다. 대칭군을 SO(32)로 잡으면(이는 32차원 회전 대칭군이다) 다양한 게이지 비정상성이 상쇄된다. 이어 그로스(D. Gross), 하비(J. Harvey), 마르티넥(E. Martinec), 롬(R. Rohm)에 의하여 비정상성이 상쇄되는 다른 사례를 찾아냈는데 이를 혼합종(heterotic) 또는 이형 초끈이라 불렀다. 이 네 명과 위튼(E. Witten)은 이형 끈이론으로부터 표준모형의 물리학을 도출해 내는 데 성공하였다.

소위 이형 초끈이론은 10차원 시공간에서 움직이는 끈을 다룬다. 끈을 서술하는 변수들이 E_8이라는 군의 두 복사본으로 이루어진 대칭군을 추가로 가진다는 점이 커다란 차이점인데, E_8군은 SU(2) 등 입자물리학에서 등장하는 다양한 군들과 마찬가지로 리군의 일종이다. 이후 많은 학자들은 대통일이론은 이형 끈이론의 저에너지 극한에 해당할지 모른다고 하여 기대를 하였다.

여기서 초끈이론이 우리들의 현실과 일치하기 위해서는 이론의 배경인 10차원의 문제가 해결되어야 한다. 한 가지 방법은 4차원의 시공간의 모든 점마다 관측되지 않을 정도로 작은 6개의 차원이 지극히 작은 영역에 숨어 있다는 설명이다. 이를 위해서는 끈의 월드 시트인 2차원 곡면의 등각 변환에 대하여 이론 그 자체가 불변이어야 한다. 이 조건을 부과한 후 초대칭성을 도입하면 '여분의 6차원 공간은 각 점마다 세 개의 복소좌표로 표현되고, 공간의 곡률은 어떤 특수한 조건을 만족해야 한다'라는 사실을 증명할 수 있다. 여기서 곡률에 부과되는 조건은 6차원 공간만이 만족할 수 있는 조건인데 칼라비(E. Calabi)는 '이와 같은 곡률 조건이 만족되기 위해서는 어떤 특정한 위상 불변량이 사라져야 한다'라고 주장했고, 이를 야우(S. Yau)가 1977년 증명하여 이러한 곡률 조건은 '칼라비-야우 공간'이라 불린다.

비슷한 시기에 네보(Neveu)와 슈바르쯔(Schwarz)는 보존적 끈 이론을 발전시켰는데 이 경우에도 위에서 논한 super-Virasoro 대수와 비슷한 결과를 도출했다. 이 모델은 타키온을 포함할 수 있었고, 흔히 이중파이온 모델(dual pion model)이라 불렀다.

질량이 없는 끈의 상태 중에서 스핀 2인 경우가 있다. 1974년 이 입자는 그래비톤처럼 상호작용하는 것으로 알려졌다. 이 결과는 대통일이론에서 끈 이론이 등장하게 되는 계기가 되었다. 이는 하드론(10^{-15}m)의 크기보다 훨씬 작은 플랑크 스케일 크기의 끈이라 생각하게 되었다. 10차원의 초끈이론에서 가장 문제가 되는 것은 4차원 시공간을 뺀 나머지 6차원의 공간이 무엇인가에 대한 것이다. 여기서 가능한 것은 나머지 6차원은 플랑크 스케일의 극히 작은 컴팩트한 공간이므로 관측 불가능하다는 것이다.

초끈이론의 중요한 발전은 1984～1985년에 나타났다. 특히 끈이론이 가능성을 보인 것은 1984년 그린(M. Green)과 슈바르쯔(J. Schwarz)가 끈 이론의 문제점인 타키온의 존재와 수학적 부정합성을 제거할 수 있는 방법을 알아내면서부터이다. 그들의 주장은 끈 이론이 중력을 설명하는 동시에 양자역학적으로 모순이 없으려면 10차원이라는 개념을 도입해야 한다는 것이었다. 이 새로운 끈 이론은 고도의 수학적 정합성을 갖춘 것이었고, 실험이 불가능한 영역을 기술하는 이론으로 학계의 흐름을 좌우하는 가장 큰 주제가 되었다. 끈 이론은 어떤 일반상대론적 배경의 영향 아래 있는 1차원적 물체, 끈의 운동으로 중력과 나머지 근본 상호작용을 동시에 설명하고자 한다

1985년까지 다섯 가지의 형태는 틀리지만 일치하는 초끈이론이 존재한다는 것을 알게 되었고, 이들 각각은 모두 10차원 시공간에서 초대칭성이 필요했다. 이 이론들은 각각 type I, type IIA, type IIB, SO(32) heterotic, $E_8 \times E_8$ heterotic 등으로 불린다. $E_8 \times E_8$ heterotic 초끈이론에서 칼라비-야우(Calabi-Yau) 컴팩트화(compactification)는 유용한 저에너지 이론을 제공해 주며, 이는 표준모델에 초대칭성을 확장시키는 것과 같다는 것을 알게 되었다. 칼라비-야우 공간은 여러 가지 종류가 있어 자유도가 실질적으로 많이 존재한다. 이는 현실적인 물리학과 많은 연관성이 있어 많은 관심을 받고 있다. 칼라비-야우 공간에서의 위상수학은 쿼크와 렙톤을 얻을 수 있다. 적당한 선택을 하면 3개의 쿼크-렙톤 가족을 얻을 수 있다.

1995년을 즈음하여 끈 이론의 비섭동이론의 중요한 발견들이 이루어졌다. 이러한 발견 중 하나는 이중성(dualilties)에 중요한 것이 있다는 것을 알게 되었다. 그 가운데 첫째는 다섯 가지의 초끈이론이 서로 연관되어 있다는 것이다. 이는 결론적으로 말해 다섯 가지의 초끈이론은 다 같다는 의미이다. 이는 실질적인 물리적 현실에 있어 의미가 있다. 왜냐하면 자연에 서로 다른 다섯 가지 이론이 존재한다는 것은 문제가 있기 때문이다. 주목해야 할 점은 이 이론이 유일하다 할지라

도, 똑같은 양자 진공(quantum vacua)이 많다는 것이다.

같은 시기에 발견된 두 번째 중요한 것은 p-branes이라 불리는 여러 종류의 비섭동적인 엑사이테이션(excitations)이 발견되었다. 여기서 p는 엑사이테이션의 공간 차원 수이다. 즉, 점입자는 0-brane이 되고, 끈은 1-brane이 된다. p-brane에서 특별한 것은 D-brane인데 이는 열린 끈 이론으로 설명할 수 있기 때문이다. 셋째로 중요한 발견은 11차원 해를 가지고 있는 M-theory이다.

우주가 시작되었던 대폭발 당시의 상황이나 블랙홀 부근처럼 중력이 굉장히 강한 영역은 아인슈타인의 일반상대성이론을 양자역학적으로 다루어야 한다. 현대 물리학의 두 기둥인 일반상대성이론과 양자이론을 통일하는 것은 현대 이론 물리학자들의 궁극적인 목표였다. 끈 이론은 입자들 사이의 강한 핵력을 설명하기 위해 나타났는데 계산을 하다 보면 질량이 복소수 값을 갖는 타키온이 나타나는 등의 문제로 강한 핵력을 설명하는 이론에서 배제되었다. 결국, 강한 핵력은 양자색역학으로 설명되었다.

지난 50여 년간 초끈이론은 많은 성공을 거두어 왔다. 하지만 아직 해결해 나가야 할 과제도 산재해 있다. 그동안 새로운 아이디어로 많은 문제를 해결하면서 훌륭한 이론들이 나타났지만, 초끈이론이 나아가야 할 길은 아직 많이 남았다. 현 상황에서 해결해 나가야 할 가장 중요한 문제들이 있다.

첫째는 초끈이론에 의하면 아주 높은 에너지 범위에서는 초대칭성이 존재하는데, 이 대칭성이 언제, 어떤 경우에 깨지는지에 대하여는 아직 모르고 있다.

둘째는 일반적인 만유인력의 경우 진공에서의 에너지 밀도에 대한 것이다. 이는 실질적으로 물리적인 것인데, 흔히 우주상수(Λ)라 불린다. 이는 플랑크 단위를 이용하면 아주 작은 수로서, $\Lambda \sim 10^{-120}$에 해당한다. 만약 초대칭성이 깨지면 우주상수는 0이 되며 1 TeV 범위에서는 $\Lambda \sim 10^{-60}$이 될 것으로 보이는데, 이러한 것들에 대한 이해가 아직은 부족한 형편이다.

셋째는 초끈이론이 아직은 유일하지만 다른 양자 진공(quantum vacua)에 대한 것에서는 많은 논란이 있다. 이에 대한 해결이 필요한 상황이다.

하지만 이러한 문제점들에도 불구하고 현재로서는 초끈이론이 일반상대론과 양자장이론이 양립할 수 없는 문제점들을 해결하고, 네 가지의 기본적인 힘을 합칠 수 있는 가장 유력한 후보로 알려져 있는 상황이다. 따라서 앞으로 더 많은 연구와 노력이 이러한 문제점들을 잘 해결하면, 초끈이론이 보다 나은 이론으로서 정립해 나갈 수 있을 것으로 생각된다. 하지만 이에 대한 부정적인 견해 또한 많이 제기되고 있다.

최종이론은 정말 완성될 수 있을까? 만약 그것이 가능해진다면 인류는 한 단계 다른 차원의 과학 세계로 접어드는 것은 확실하다. 완벽한 새로운 패러다임의 세계로.

과학 그 너머

초판 1쇄 발행 | 2021년 12월 05일
초판 5쇄 발행 | 2023년 12월 15일

지은이 | 정 태 성
펴낸이 | 조 승 식
펴낸곳 | (주)도서출판 북스힐

등 록 | 1998년 7월 28일 제 22-457호
주 소 | 서울시 강북구 한천로 153길 17
전 화 | (02) 994-0071
팩 스 | (02) 994-0073

홈페이지 | www.bookshill.com
이메일 | bookshill@bookshill.com

정가 15,000원

ISBN 979-11-5971-399-6

Published by Books Hill, Inc. Printed in Korea.